フルート製造の変遷

──楽器産業の製品戦略──

赤松　裕二

はしがき

　本書は、近年の楽器産業における製品開発や市場での製品戦略を研究の対象とし、特に日本のフルート製造業に焦点を当てて考察をしている。日本における西洋楽器製造の歴史は比較的古く、日本楽器製造（ヤマハ）など、明治中期には鍵盤楽器製造を中心に楽器産業が興っている。当初は西洋楽器の模倣から始まった日本の楽器製造であったが、ピアノ・オルガンなどの鍵盤楽器をはじめとし、明治の後期には軍楽隊用の管楽器の製造が本格的に始まった。当時の日本の管楽器製造は技術的には発展途上の段階であり、陸海軍の軍事用信号ラッパや軍楽隊用が主流であった。その後 1924 年には、ムラマツフルートの創始者である村松孝一によって国産第一号のフルートが製造され、日本のフルート製造が本格的に始まっていった。

　わが国のフルート製造の黎明期から 100 年近くの歴史を重ね、現在では日本製のフルートは世界的に高い評価を受け、欧米の著名な演奏家が完成度の高い日本のフルートを愛用するに至っている。それは細やかな手工業の高い技術力だけでなく、楽器としての音楽表現の可能性や耐久性、音色や音程にもこだわった日本の製造技術を評価されたものといえる。また、演奏上の制約から規格化されたフルートという製品において、日本の各メーカーは技術力の蓄積だけではなく、独自の新たな創意工夫によって、新たな機能や材質等の採用を行い、製品におけるイノベーションは常に進化を続けている。そのイノベーションと市場での製品戦略に着目したのが本書における研究であり、楽器製造のうちでフルートというニッチな産業分野を深く掘り下げて調査を行った。

　筆者は長年にわたりフルートの演奏を行っており、楽器そのものの構造や製造技術について大きな興味を抱き、数十年にわたってフルート製造とその変遷を研究してきた。フルートの製造に興味を持ってからは、各地のフルート工房や修理技術者のもとへ足を運び、新たなフルートブランドが立ち上げ

れば楽器店に向かい、新たなモデルが出れば一足先に試奏に出かけてきた。現在までに収集してきた古今東西のフルートは優に 100 本を超えており、まずは現物のフルートを自身の手にしたうえで、演奏とメカニズムの詳細なチェックによって自らの五感で楽器の性能を確かめてきた。

　これらの音楽的背景と経営学による学術的な考察の融合が本研究の目的であり、本書執筆の動機となったものである。本書における執筆の内容は、ライフワークとしてきた長年の調査・研究の蓄積でもあり、本書の完成により研究の成果を少しでも世に出せることは大変感慨深いものである。

2019 年 11 月

赤松　裕二

目　次

はしがき……………………………………………………………………… 3

― 第Ⅰ部 ―

第1章　本書の背景………………………………………………………… 11

　1．本書執筆の背景と目的……………………………………………… 11

　2．本書の構成…………………………………………………………… 13

　3．日本におけるフルートの普及……………………………………… 18

　4．フルート製造業の概況……………………………………………… 22

　　（1）日本のフルート製造について…………………………………… 22

　　（2）ヨーロッパにおけるフルート製造……………………………… 30

第2章　フルートの歴史と発展…………………………………………… 36

　1．フルートの成り立ち………………………………………………… 36

　　（1）現代のフルートが作られるまで………………………………… 36

　　（2）フルートの構造…………………………………………………… 40

　2．フルートの歴史……………………………………………………… 44

　　（1）西洋の古楽器（バロック期のフルート）……………………… 44

　　（2）東洋の伝統的な笛（日本と中国）……………………………… 46

　　（3）発展途上のフルート（多鍵式フルート）……………………… 50

　3．ベーム式フルートの発展…………………………………………… 54

　　（1）フランスのフルート……………………………………………… 54

　　（2）ドイツのフルート………………………………………………… 64

　　（3）アメリカのフルート……………………………………………… 72

　　（4）日本のフルート（黎明期を中心に）…………………………… 88

　　（5）パールフルート（日本）の変遷………………………………… 96

　　（6）その他のフルート………………………………………………… 117

6　目　次

第3章　フルート製造の技術……………………………………… 123

　1．日本メーカーの製造技術…………………………………… 123

　　（1）パールフルートの生産戦略（日本での生産）………… 123

　　（2）パールフルートの海外生産（台湾工場）……………… 132

　2．製品戦略とイノベーション………………………………… 142

　　（1）フルートの構造面でのイノベーション……………… 142

　　（2）フルートの材質面でのイノベーション……………… 144

　　（3）その他のイノベーションの動き……………………… 150

― 第Ⅱ部 ―

第4章　フルート製造の研究について…………………………… 155

　1．フルート製造についての研究の背景……………………… 155

　2．日本のフルート販売の変遷………………………………… 157

　3．フルート市場の現況について……………………………… 160

第5章　フルート製造の技術伝承と生産戦略………………… 163

　1．日本のフルート製造について……………………………… 163

　2．主な先行研究………………………………………………… 164

　3．国内フルート製造業の系譜と技術の伝承………………… 167

　　（1）フルート製造の歴史…………………………………… 167

　　（2）国内におけるフルート製造…………………………… 168

　　（3）フルート製造業の技術伝承…………………………… 170

　4．フルートメーカーの生産戦略……………………………… 173

　　（1）製品アーキテクチャ論からの視点…………………… 173

　　（2）国内フルート製造業のサプライチェーン…………… 175

　5．小括…………………………………………………………… 177

目 次 7

第6章　フルートメーカーの製品開発戦略……………………………………… 180

1．国内楽器業界の現況………………………………………………………… 180

2．先行研究について…………………………………………………………… 182

3．フルート製造業の製品戦略………………………………………………… 183

（1）フルート製造における製品開発の歴史………………………………… 183

（2）フルート製造業の販売実績の推移……………………………………… 185

（3）フルートメーカーにおける製品開発の推移…………………………… 189

4．製品開発の戦略についての考察…………………………………………… 194

5．小括…………………………………………………………………………… 195

第7章　おわりに………………………………………………………………… 198

1．第Ⅰ部のまとめ……………………………………………………………… 198

（1）第1章のまとめとして…………………………………………………… 198

（2）第2章のまとめとして…………………………………………………… 200

（3）第3章のまとめとして…………………………………………………… 205

2．第Ⅱ部のまとめ……………………………………………………………… 206

（1）第4章のまとめとして…………………………………………………… 206

（2）第5章のまとめとして…………………………………………………… 207

（3）第6章のまとめとして…………………………………………………… 208

（4）今後の課題として………………………………………………………… 209

初出一覧……………………………………………………………………………… 210

参考文献……………………………………………………………………………… 211

あとがき……………………………………………………………………………… 218

著者紹介……………………………………………………………………………… 219

― 第Ⅰ部 ―

第1章

本書の背景

1．本書執筆の背景と目的

　わが国においては明治初期の文明開化とともに西洋音楽が導入され、1880年頃から本格的な音楽教育が始まり[1]、その後、西洋楽器の国産化の動きが高まっていった。日本における西洋楽器の製造は比較的古く、1880年代からオルガンの製造、1900年にピアノの製造が始まり[2]、現在の大手楽器メーカーである日本楽器製造（ヤマハ）や河合楽器製作所[3]などの鍵盤楽器メーカーが興った。管楽器の製造では、1902年に江川楽器製作所（後の日本管楽器）が設立され陸軍音楽隊等の楽器修理を開始し、1907年にはコルネットやトロンボーンなどの国産による金管楽器の製作を始め、戦前の日本における管楽器製造の中心として発展した。他の管楽器製造においては、1924年に村松孝一（ムラマツフルート）による国産初のフルートが誕生しており、1954年には柳澤管楽器（ヤナギサワ）によって国産による本格的なサクソフォンの製造が始まった。

　日本の楽器製造は輸入品の模倣から始まったといえるが、特に戦後の高度経済成長期において国内需要は大きく高まり、独自の技術革新によってコストダウンと量産化に成功している。また、長年の技術力の蓄積によって新たな製品開発に挑み続けることで、楽器としての高い品質を維持しながら量産化が可能となった。これにより、輸出産業としても大きく成長し、1970年代からは海外市場での高いシェアと評価を得ていった。

　しかしながら、近年では少子化の影響と個人の価値観や趣味の多様化にともない、国内における楽器市場は縮小を続けており、新たな顧客層の開拓や製品開発、特殊性による付加価値の創出によって訴求力を高めようとしている。

本書で着目する国内のフルート製造業においては、総合メーカーであるヤマハのほかは中小メーカーが大部分であり、数人規模の零細業者も多いのが特徴である。日本におけるフルート製造は、1924年にムラマツフルートによる国産第1号のフルート製造に始まり、他にも戦前では日本管楽器（ニッカン）がフルートを製造し、西洋楽器としては国産による古い歴史を有している。これらのメーカーから独立した技術者によって新たな工房や会社が設立され、近年まで国内に多数のフルートメーカーの創業が続いてきた。各メーカー内で技術が受け継がれるとともに、独立・起業によって新たなメーカーに枝分かれしながら技術が伝承されるという、楽器産業の特徴が見られることも興味深いものである。

　日本のメーカーによるフルートは、製品の完成度の高さから海外の著名な演奏家が好んで日本の製品を購入しており、日本のフルートメーカーは1980年前後から国際的な高い評価とシェアを得ることとなった。企業規模は中小・零細業者であっても、日本のフルートメーカーの中には国際的評価を得ている楽器ブランドも多く存在している。フルート製造というニッチな市場において、世界的な評価を得るに至った高い技術力と、その技術伝承の経緯は注目に値するものである。

　本書においては、多くの楽器製造のうちフルート製造に絞って考察しており、その製品開発の歴史やイノベーションの動きを検証している。フルート製造に焦点を当てた理由は、欧州のルネサンス期、バロック期の初期の発展段階から、フルートが各国における試行錯誤のイノベーションの連続を経て、当初の楽器の原型から大きく変遷してきたことに注目した。そして、現代に至るまで楽器メーカーは新たな付加価値を訴求した開発を続けており、零細な個人製造業者から中規模以上のメーカーに至るまで、イノベーションが継続的に行われてきたことである。楽器という演奏や操作上での制約がある製品において、音量や音域、音色といった微妙な違いを求めて新モデルが投入されている。これらのフルート製造業の動向を確認し、製品や製造工程におけるイノベーションと製品投入の戦略を検証することが本書における研究の

目的である。

　フルート製造業という西洋楽器の分野において日本企業が品質的に高い評価を受け、新興国企業が台頭する現在でもその地位を維持していることは特筆できることである。本書では、フルート製造の歴史とその変遷を考察するとともに、技術の伝承と独立・起業の系譜、生産における戦略に焦点を当てて検証していくこととした。

　また、筆者自身が 30 年以上にわたり、フルートという個別の楽器を研究し続けてきた経験が本書執筆の動機となっている。製造面の調査においては、複数のメーカーの工場を 1990 年代の初頭から幾度も訪問し、各社の技術者に質問を投げかけ、時には議論を交してきた。実際にフルート製造の真似ごとをさせてもらったこともあり、技術者や経営者と密接に交わってきた結果、フルート製造に関する基本的な知識を得ることができた。さらに、国内の主要なフルート販売店やメーカーの営業拠点を幾度となく訪れ、フルートに関する最新の情報を入手しつつ、新たな楽器モデルが発売となればいち早く試す機会を持った。本書で紹介する筆者所蔵のフルートや周辺の楽器に加え、30 年以上の間に 100 本を超えるフルートを所有し、その特徴を詳細に研究してきたものである。

　このような背景から、フルートという楽器について、経営学的な視点から観察したり、音楽の愛好者としての視点をベースにしたり、あらゆる視点から考察しようと試みたのが本書である。フルートの製造面については特に力を注いできた分野であり、特に「イノベーション」というキーワードのもとで、フルート製造の変遷に着目して比較と考察を行っている。

2．本書の構成

　本書では、第Ⅰ部と第Ⅱ部の 2 部構成としている。第Ⅰ部においては、学術的な枠組みや領域を超えた内容で、「フルート学」ともいえるフルートの楽器としての変遷と技術革新、製作家（メーカー）の歴史、フルートの構造、

製造工程など、フルートという楽器に焦点を当てた記述を中心としている。第Ⅱ部においては、経営学を中心とした視点から、過去に発表した筆者の学術論文をベースにした記述と、その周辺の題材による書き下ろしの新たな執筆によって構成されている。第Ⅱ部は学術的な要素を基礎にした記述が主体であり、フルートの歴史的背景と現在までの事実確認を中心とした第Ⅰ部と区分している。また、第Ⅱ部の最終部分の第7章において、第1章から第6章の二部にわたる総合的なまとめとして総括している。

　第1章において、まず、本書の執筆の背景として日本におけるフルート業界の概況と位置づけ、研究の対象とした理由と動機について説明している。そして、フルートについての導入部分の知識として、日本におけるフルートの普及についての歴史的背景、明治期から戦後の高度成長期における国内での急速な普及、その原動力となったフルートメーカーの努力やNHKのテレビ講座による普及の後押しなどを紹介している。

　さらに、第1章の最後にフルート製造業の概況として、日本のフルート製造の系譜と国内フルートメーカー各社の紹介、ヨーロッパにおける歴史的フルートメーカーの沿革について紹介している。日本のフルート製造はムラマツフルートとニッカン（日本管楽器製造）の二社を源流として各社が派生し、その系統図を示しながら独立・創業の経緯と技術伝承の特色を説明している。そして、ヨーロッパにおけるフルート製造の代表ともいえるフランスのルイ・ロット社の歴史、ドイツのフルートを代表するハンミッヒ家について、その継承の歴史とフルート製造の業績を示している。

　第2章では、フルート製造の歴史と発展をテーマとしており、最初に、現代フルートに至るまでのフルートの歴史を説明している。古代の横笛から中世のフルートに発展し、ルネサンス・フルートからバロック・フルートへの進化、フルートの当時の楽曲での位置づけと多鍵式フルートなどへのさらなる発展、ベーム式フルートの登場までの沿革を示している。ドイツのテオバルト・ベームによる1832年型から1847年型のベーム式フルート完成の経緯と、その普及について説明し、フルートの発展の歴史について概略を説明し

第1章 本書の背景 15

ている。

その次に、現代フルートの構造について説明を加えており、各部の構造と名称、機構について分解写真などを用いて説明している。フルートの楽器としての特徴や構造上の特筆すべき点、部品の形状が音色に与える影響や効果、材質による特性や現在の傾向に至るまでの構造上の説明を中心としている。

そして、第2章において特に記述に力を入れたのが、フルートの歴史として記載した各地域や時代によるフルートの変遷である。筆者が手元に所蔵してきた日本や中国の笛、ヨーロッパのバロック・フルートの復刻品、発展途上にあった多鍵式フルート、19世紀のフランスで製作された歴史的なベーム式フルートの数々を写真とともに説明する。さらに、特色のある歴史的なドイツ・フルート、20世紀初頭からのアメリカの各フルートメーカーによるフルート、日本の戦後の黎明期におけるフルートの数々、そして、パールフルートの創業期から現代に至る約50年間のフルートの変遷を写真入りで説明している。特にパールフルートについては、時代の変遷に伴って進化していく様子をフルートの全体のつくりとコンセプトに注釈を加えながら、細部の変化や機能について説明している。初期の洋銀製や総銀製モデルから、最近の14Kゴールドフルート、10Kゴールドフルートまで幅広く検証している。頭部管についても各時代の頭部管を比較し、最近の頭部管ではプラチナ・リップや、18K、14Kゴールドリップの製品を紹介している。加えて、変わり種のフルートとして、日本で独自に開発し一時期普及したSMフォークフルートや、ホールクリスタルフルート、台湾のGUO社による樹脂製の本格的フルートなどを紹介し、フルートの新たな可能性を示す。

第3章においては、フルート製造の技術面に着目し、フルートメーカーの実際の工場現場における調査の内容をもとに考察する。本章の前半部分では、パールフルートの本社千葉工場、および台湾工場（現地法人）において工場調査を実施した内容について説明しており、調査時の写真とともに製造工程と特色を確認しつつ説明を加えている。日本におけるハンドメイド・フルートを中心とした工程と、台湾における普及モデルの製造ラインの違いなど、

実際に二つの製造現場を比較調査した内容をもとに考察を行っている。

　さらに、第3章の後半部分において、製品戦略とイノベーションをテーマにして、フルートの構造面でのイノベーションと、フルートの材質面でのイノベーションに分けて考察する。構造面では、トーンホールの引き上げ加工とその後のカーリング処理についての技術革新を、材質面では、特に金属管の材質である銀や金の貴金属の純度と配合の技術的進化について考察を行っている。各フルートメーカーの過去から現在までの管体材質の金属素材について幅広く調査を行い、多種多様の新たな貴金属材料によって付加価値を生み出す努力を検証している。金属加工メーカーとの擦り合わせによる新たな材料の創出として、フルート製造におけるイノベーションを評価する。

　第3章の最後に、その他のイノベーションの動きとして、フルートの管体の厚みの変化とオプションについて考察し、新たな素材として樹脂製の本格的フルートの製造についても言及する。

　第Ⅱ部に入り、第4章では、フルート製造について主に経営学的な視点から考察し、事例を検証していくに当たっての枠組みと評価の基準を設定する。まずは、フルート製造についての研究の背景として、楽器産業全体としての既存研究を概観するとともに、フルート製造に限った領域においての既存研究が限定的であることを示している。その中でフルート製造を経営学的視点から研究対象とした例が見られず、ピアノやヴァイオリンの研究や、伝統工芸分野の先行研究との比較検討を行いつつ、考察を進めることを提示する。また、第5章と第6章に向けて、経営学的視点から論じた筆者の既存研究への導入部として、楽器製造が製品アーキテクチャ論による擦り合わせ型産業という既存の概念を紹介し、それに対する反論と新たな理論展開を行うことを示唆している。さらに、楽器市場の販売数量の低下の状況を示し、その中でフルート製造業界が新たな付加価値の創出によって販売単価を押し上げ、市場の売上規模を維持する動きを示唆し、第6章での考察につなげている。

　続いて、日本のフルート販売の変遷に着目して記述をしている。ムラマツフルートを中心にして発展してきた日本のフルート業界であるが、フルート

が末端まで普及していない 1951 年当時では、ムラマツフルートにおいても全国への販路と営業の資金力を持つ楽器卸の販売代理店が必要であった。プリマ楽器との代理店契約によって「PRIMA（プリマ）」ブランドを冠したプリマ・ムラマツのブランド表記の時代があった。プリマ楽器を代理店として「PRIMA（プリマ）」ブランドを冠するフルートは、ほかにもサンキョウフルートなどが有名であり、製販分離の中での一つの販売戦略の形である。

　そのほか、フルートメーカーが直接の販売部門を自社内に持つケースや、ショールームや修理の拠点として、フルートギャラリーなどの名称で、東京や大阪の中心部に自社直営店舗を展開するケースも増えてきていることを論じる。その他、インターネットの利用拡大によって、各社のホームページの利用が積極化していることなどを論じている。顧客とメーカー側の接点の広がりから、情報提供が双方向となることで顧客のニーズを製品に反映させる「ユーザー・イノベーション」の動きにあることを考察する。

　第 4 章の後半においては、「3．フルート市場の現況について」と題して、現在のフルート市場と販売状況について、フルートメーカーおよび主要楽器店の販売責任者や担当者からヒアリングした内容を紹介している。現在の売れ筋の価格帯や、メーカー別の売れ筋、総銀製フルートの評価、ハンドメイド高価格帯フルートの評価の状況、C 足部管と H 足部管、E メカニズム付きなどの機能別の人気について聴取した内容を論じている。また、オールド楽器の市場についても言及し、現状と今後の動向について聴取内容から筆者の新たな考察を行う。さらに、現在のフルートメーカー各社の技術者の高齢化や後継者の問題にも触れ、今後のフルートメーカーの存続について意見を示している。

　第 5 章では、フルート製造における技術伝承と生産戦略について論じる。本章の内容は、筆者の既発表（2018 年）の学術論文をベースとして、本書執筆に合わせて内容の加除修正を行ったものである。本章独自の学術性を考慮しており、先行研究や楽器産業の概況など、他章と一部重複する箇所もあるが、原著論文の学術的な流れを崩さないようにそのまま掲載している箇所

18 　第Ⅰ部

もある。

　1924年に国産第1号のフルートが製作され、日本のフルート製造は、すでに100年近い歴史を有する産業となった。西洋楽器の分野において、早くから海外でも高い評価を得ており、その技術力の蓄積と技術の伝承に焦点を当てるとともに、国内に興った30社を超えるフルートメーカーの技術の伝承を考察する。そして、既存研究において楽器産業を典型的な擦り合わせ型産業と論じていたが、昨今のフルートメーカーを見ると製造の動きは大きく変わりつつあり、技術者の世代交代の問題もあると考えられるが、一部において部品の共通化やモジュール化が起こっていることを論じたい。また、フルートの製造から販売に至るサプライチェーンについても変化があり、生産戦略に変革が見られることを論じていく。

　第6章においては、フルートメーカーの製品開発戦略をテーマに考察をしていく。本章は既発表（2018年）の筆者による学術論文をベースとしており、フルート製造を考察した記述のみを抜き出して加除修正したものである。本来の学術性を考慮したうえで、先行研究や楽器産業の記述など他章と一部重複する箇所もある。この章では、近年の少子化や趣味の多様化による楽器市場の低迷の中で、フルートメーカー各社が、新たな機能や材質の拡張などの付加価値を上昇させる動きを考察する。そして、各社フルートの販売単価を押し上げることで、販売数量の減少分を単価上昇によって売上を確保しているという、新たな事実発見を論じることとする。

　最後の第7章において、第Ⅰ部の第1章から第Ⅱ部の第6章に至るまでの総合的なまとめを導き、それらを総括したうえで本研究がもたらす今後の楽器研究に与える貢献を提示する。

3．日本におけるフルートの普及

　日本にフルートが伝来した正確な記録は乏しいが、16世紀にはポルトガル人の宣教師によって、当時のルネサンス・フルートがもたらされたといわ

れている。その後も正式な記録には記載がなく、記録に登場するのは 19 世紀に入ってからのアメリカのペリー来航（1853 年）であり、上陸した軍楽隊に横笛（フルート）が含まれていたものである[4]。

日本人によるフルートの演奏は 1870 年頃からといわれ、当時の薩摩藩による「薩摩藩軍楽伝習隊」にさかのぼる。伝習生たちは 12 歳から 26 歳の若者であり、イギリス陸軍の軍楽隊長として江戸に在住していた、ジョン・ウィリアム・フェントンから楽器の扱い方を学んだといわれている。この中の飯島太十郎という隊員が日本初のフルート奏者とされており、わが国における西洋楽器のフルート演奏のはじまりであった[5]。その後、明治の時代となった 1872 年頃から、C. ワーグナーや、J. レモーネといった外国人フルーティストが横浜の居留地に住み、演奏会を開くようになった。1870 年には、横浜にゲーテ座と呼ばれるコンサートホールが開場し、来日中の C. ワーグナーがフルート曲を披露しており、日本における本格的なフルート演奏が開始された[6]。

前述のフェントンを師として、1872 年頃から海軍の軍楽隊と陸軍の軍楽隊によって演奏が行われた。その編成の中にフルートが加わっており、日本における西洋音楽の始まりとなった。日本人による本格的なフルートの演奏は、式部寮（現在の宮内庁楽部）の奥好義によって始められ、宮中での西洋音楽の演奏時に雅楽器との持ち替えで演奏していた。奥好義は、雅楽の家に生まれて和笛を演奏しており、式部寮の求めで西洋楽器としてフルートを学んだ。日本で最初のフルーティストというだけでなく、国歌「君が代」の作曲者としても有名である[7]。

その後、西洋音楽は次第に日本国内に浸透していき、陸海軍の軍楽隊による普及や、百貨店を母体とした少年音楽隊が各地に結成されていった。代表的な少年音楽隊が、「三越少年音楽隊」や名古屋の「いとう呉服店少年音楽隊」、大阪の「阪急少年音楽隊」や「大阪髙島屋少年音楽隊」であり、フルートが楽団の中で一般的に演奏されるようになった。また、明治の終わり頃からは、学習院や慶應義塾、九州帝国大学、明治大学などの各地の学校にオ

20　第Ⅰ部

写真1-1　テレビのフルート教室テキスト
出所：筆者所蔵の書籍、2019年6月撮影。

ーケストラが誕生し、西洋音楽はさらに広まっていく[8]。

　日本におけるフルート演奏の教育については、東京音楽学校、東京芸術大学の前身である音楽取調所が担当した。奥好義のほか、フルートの教師では大村恕三郎や多忠告、貫名美名彦、山口正男らが草創期の講師として有名であり、他にも大正期以降のフルーティストとして、宮田清蔵、岩波桃太郎らがオーケストラで活躍している[9]。

　終戦後においては、学校教育における器楽演奏の音楽教育が盛んとなり、全国の中学校や高校にブラスバンドができ、経済成長とともに家庭においてもピアノやオルガンを習わせることが一般的となっていった。特に鍵盤楽器においては、ヤマハ（日本楽器製造）やカワイ（河合楽器製作所）の国内メーカーがピアノの量産化とコストダウンに成功し、その普及は急速に広がった。フルートにおいても、ムラマツフルートが戦後に生産を拡大し、ヤマハの傘下となったニッカンのほか、多数のメーカーが誕生し成長したことで、楽器の入手も容易となっていった。それらの環境が整っていったこともあって、1960年代からは急速にフルートが普及していったが、さらに拍車をかけるように、NHKテレビにおいてフルート教室の番組が放送された。当時の1973年と1997年のテキストが残っており、写真1-1の左側が1997年の「フルート入門」のテキスト、右側が1973年の「フルートとともに」のテ

キストである。その番組が「フルート教室（1971年から1973年3月）」や「フルートとともに（1973年4月から1982年3月）」であり、テレビを通してテキストを見ながらフルートを練習するものであった。テレビでの歴代の講師は、吉田雅夫、森正、小出信也、宮本明恭、峰岸壮一、斎藤賀雄、三村園子、野口龍、植村泰一、金昌国といった日本を代表するフルーティストであり、フルートが大きく普及していくきっかけにもなったものといえよう。

　さらに1997年には、NHKテレビで「NHK趣味悠々・フルート入門」として放送され、学生・一般へのフルートの普及が後押しされていった。語学などのテレビ講座は一般的であったが、今から考えると楽器のテレビ講座は大変な企画であった。フルートのほかにも、ヴァイオリンやピアノ、ギターなどの講座がテレビで放映されていた。動きが視覚的にわかるといっても、生身の人間による指導とは違い、これを視聴者に伝えるのは相当の演出が必要と考えられ、その意味で大変興味深い番組である。この番組の効果は大きく、中学生や高校生がフルートを習い、ブラスバンドでフルートを演奏し、または大人がフルートを習い始めるきっかけとなったものである。

　日本におけるフルートの普及は、1970年代から1980年代を通して、一種の「フルート・ブーム」として広がっていき、フルートの国内販売も急速に拡大している。1960年代には、ムラマツフルートとニッカンのほかにもいくつかのメーカーが国内で製造をしていたが、当時はムラマツとニッカンの2社が高いシェアを有していた。その後、1968年にはムラマツフルートから独立したサンキョウフルート（三響フルート）が創業し、同じ年にパール楽器製造がフルート部門を立ち上げ、翌年1969年にはミヤザワフルートが設立され、1970年にはニッカンがヤマハ（日本楽器製造）に吸収合併されるなど、メーカー側にも大きな動きがあった。1968年から1970年にムラマツ以外の現在の主要メーカーが創業しており、国内のフルート市場とフルートメーカーが急成長を遂げた時期と重なる。また、当時はベビーブーム世代の子供たちが小学校、中学校に在籍していた時期でもあり、現在の少子高齢

22　第Ⅰ部

表1-1　国内フルート製造業者の販売数量推移

項　　目	1981年	1985年	1990年	1995年	2000年	2005年	2010年	2014年
販売数量	65,436	82,738	90,347	98,696	99,493	113,508	112,077	53,614
内　国内向(数量)	28,710	32,615	32,839	25,136	24,855	22,226	21,064	18,965
内　輸　出(数量)	36,726	50,123	57,508	73,560	74,638	91,282	91,013	34,649

出所：ミュージックトレード社（1989、1997、2011、2014、2016）により筆者作成。原出
　　　所は「全国楽器製造協会・楽器生産統計調査表」による。

化とは異なって人口増加に進む時代背景であったことが、フルート市場の拡
大を後押ししたものと考えられる。フルート・ブームは1990年代まで続い
ていたと考えられ、表1-1で示すように、国内の販売数量は、1981年の年
間28,710本から1990年の年間32,839本まで上昇しており、1995年頃から
国内向け販売は25,000本前後に落ち着き、それ以降は景気動向や少子化、
趣味の多様化の影響を受けて漸減している[10]。

4．フルート製造業の概況

（1）日本のフルート製造について

　日本におけるフルート製造の原点は、1924年の村松孝一による国産第1
号のフルート製作であり、村松孝一を創業者とするムラマツフルートの功績
が大きい。ムラマツフルートには戦前から多くの職工が出入りし、1932年
に最初の弟子となったのが「タネフルート」の創始者である種子政司であっ
た。タネフルートは後に独立し、ムラマツフルートの外注協力先として部品
の納入などを行っており、のれん分けのような形で創業している。このタネ
フルートで種子政司を師としていたのが、「桜井フルート」の桜井幸一郎で
ある[11]。タネフルートはムラマツフルートの村松孝一とともに、戦前・戦後
の日本のフルート製造を支えたメーカーといっても過言ではない。1970年
頃まで、タネフルートはムラマツに次ぐような製品展開を行い、頭部管銀製
モデルなど本格的なフルートを製作していたメーカーであった。

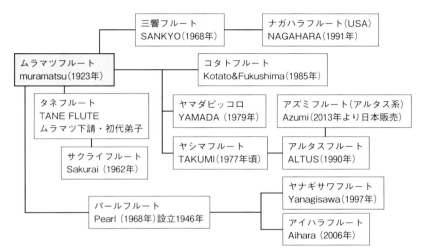

図1-1　ムラマツフルートを源流とするフルートメーカー
出所：ザ・フルート編集部（1998）、楽器産業ガイド（2014、2016）および各社ホームページ、カタログを参考に筆者が作成した。

　図1-1は、ムラマツフルートを源流（起源）とする国内のフルートメーカーを系統図にしたものである。1960年に創業者の村松孝一が62歳で死去し、次の村松治社長の世代を迎え、1964年には現在の所沢に工場を移転して生産規模を拡大、1965年に独自の販売拠点となる店舗を新宿に開設した。
　会社の規模が大きくなる中で技術者も独立していくが、その代表的な独立が1968年の「サンキョウフルート」である。三響（サンキョウ）フルートは、ムラマツフルートから独立した久蔵菊雄、武井秀雄、大木太一の3人の技術者による会社である。サンキョウフルートは、今や日本を代表するフルートメーカーとなったが、ムラマツフルートでの技術の蓄積が原点となっている。また、サンキョウフルートの出身で、単身アメリカにわたりパウエルフルートで修行した後に独立したのが、「ナガハラフルート」の永原完一である。ナガハラフルートは世界のトップ・フルーティストが愛用する楽器として、世界的に有名な楽器メーカーとなった。ムラマツフルートから、サンキョウフルートを経て、さらにもう一つの世界的なメーカーが誕生したので

ある。

　「コタトフルート」は、ムラマツフルートに 1969 年より勤務していた、古田土勝市と福島哲夫[12]によって 1983 年に創業したフルートメーカーである。「Kotato & Fukushima（コタト＆フクシマ）」のブランド名で、主にバスフルートやF管バスフルート、コントラバスフルートなどの特殊管フルートを製造し、この分野の世界的メーカーである。

　「ヤマダピッコロ」は、北海道の地において山田フルート・ピッコロ工房として、木管フルートとピッコロを製作している。ムラマツ出身者としては異色ともいえるが、ムラマツにはない木管のピッコロを中心に製作している。

　「アルタスフルート」の田中修一は、ムラマツフルート出身の技術者であり、ミヤザワフルート、ヤシマフルートを経てアルタスフルートを創業した[13]。アルタスフルートは台湾 KHS 社の資本による会社であるが、製造ラインは 1990 年の創業以来、長野県安曇野市にある。現在では日本を代表するメーカーとなっており、特に総銀製ハンドメイドモデルについては国内外で高い評価を受けている。2013 年には普及品の「AZUMI（アズミ）」ブランドが姉妹ブランドとして発売された。

　「パールフルート」は元々がドラムメーカーであり、ムラマツフルートと会社としての関係はないが、ムラマツフルート出身の下山龍見によって 1968 年にフルート部門の立ち上げが行われ、長らくパールフルートの開発と製造部門を率いていた。人的つながりから、パールフルートもムラマツフルートの系統図に組み込んでいる。パールフルート出身のメーカーとして、「ヤナギサワフルート」と「アイハラフルート」が同系統と分類できる。

　ムラマツ系となる日本のフルートメーカーは 10 社を超えており、ムラマツフルートの日本のフルート業界に与えた影響は大きい。ムラマツフルートにおいて長年の技術が蓄積され、その技術と技能は、次の世代の技術者たちに伝承されている。もちろん、ムラマツフルートの中にも熟練した技術者が多く在籍しており、ムラマツフルートの世界的な名声を維持している。独立や他社への移動においても、その技術は伝承を繰り返しており、人と一緒に

第1章　本書の背景　25

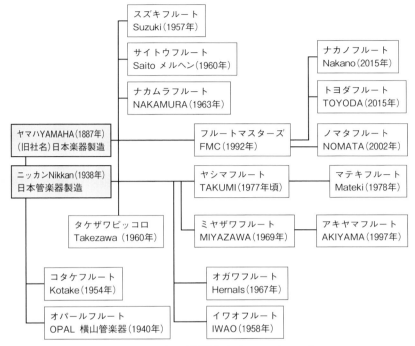

図1-2　ニッカンを源流とするフルートメーカー
出所：ザ・フルート編集部（1998）、楽器産業ガイド（2014、2016）および各社ホームページ、カタログを参考に筆者が作成した。

技術が移動していくともいえるであろう。

　上の図1-2は、ニッカン（日本管楽器製造）を源流（起源）とするフルートメーカーを系統図にしたものである。1892年に江川仙太郎によって前身の江川製作所が創立され、軍楽隊用の軍需品の管楽器製造で規模を拡大していった。戦前のフルート部門は、ムラマツフルートによる技術協力で製造されていた。ムラマツと並んで戦前から日本のフルート業界を牽引してきたメーカーであり、ヤマハによる吸収合併後も長年の技術が蓄積されてきた。ニッカン時代から、普及品のスクールモデルなどを量産し、普及品モデルにおいては高い生産能力を有しているメーカーであった。

26　第Ⅰ部

　ヤマハ（日本楽器製造）によるニッカン（日本管楽器製造）の吸収合併は
1970 年であったが、すでに古くからヤマハはニッカンの経営には参画して
おり、ニッカンが消滅するのは時間の問題でもあった。戦前から日本の管楽
器のトップメーカーとして位置づけされており、フルート以外の管楽器全般
に高い技術力を蓄積していた。現在のヤマハの管楽器部門は、フルートもス
クールモデルからハンドメイド高級品まで内外で高い評価を得ているが、サッ
クスやトランペットなども世界的に評価されている。

　ニッカン出身のフルートメーカーは、すでに廃業したメーカーもあるが、
下請けの協力工場としても何社か存在していた。「オパール」ブランドのフ
ルートを製造していた横山管楽器製作所の横山久雄は、戦前にニッカンに勤
務しており、1940 年に独立してニッカンの下請けも引き受けていた。斉藤
正太郎によるサイトウフルートは、「メルヘン」ブランドのフルートを 1960
年から製作しているが、ニッカンの下請け業者としても活躍していた。中村
フルート製作所の中村久米男は、1955 年から 1963 年までニッカンに勤務し
ており、独立後にフルートを製造し、「ライトマン」ブランドのフルートを
世に出していた。また、鈴木金之助はニッカンから 1957 年頃に独立し、ス
ズキフルートを創業した。これらのメーカーは早くに廃業したり、個人の零
細企業が中心であったため、後継者のないままにブランドが維持できなくな
ったりした[14]。

　コタケフルートの小竹末広は、戦前からニッカンに勤務し戦後はフルート
の修理などをしていたが、1954 年に小竹管楽器製作所として独立し、楽器
卸のプリマ楽器の支援の下で「PRIMA（プリマ）」ブランドのフルート製造
をしていた。頭部管銀製までの普及品の低価格帯での製品が中心であり、生
産量はピーク時に月間 180 本の製造であった[15]。

　オガワ楽器は、当初 1957 年からトランペットやトロンボーンの金管楽器
を製造していたが、1967 年から「ヘルナルス」のブランドでフルートの製
造を始め、輸出を含めて普及品の洋銀製フルートを中心に製造していた。イ
ワオフルートの横山岩雄は、イワオ楽器製作所を創業したが、当初は管楽器

の修理やニッカンの下請けによる部品納入が主体であった。横山管楽器製作所（オパールフルート）の横山久雄は岩雄の兄であり、父親の代からニッカンとの関係が深かった。1970 年にニッカンがヤマハ（日本楽器製造）に吸収合併されたことから、それまでの下請けから脱却して独自のフルートを開発し、「イワオフルート」のブランドでフルート製造を始めた。イワオフルートは OEM 製造によるフルートでも定評があったが、最近ではハンドメイドの技術を高く評価され、「イワオ」ブランドのフルートは今や国内外で高い人気がある[16]。

「マテキフルート」の創始者である渡辺茂は、学校を卒業後にニッカンへ入社し、その後、ミヤザワフルートとヤシマフルートを経て、1978 年にマテキフルートを創業した。当初から低価格の普及品ではなく、品質のよいハンドメイド・フルートを製造しており、創業時はドイツなどの海外への輸出が中心であった。当時、ドイツなどへ留学していた日本人奏者の間で「Mateki（マテキ）」ブランドは有名となり、日本に帰国後にクチコミで評価が伝わっていった。海外での評価を先に得たブランドであり、国内では一般の楽器店を通さない独自の販売ルートで「マテキ」ブランドは定着していった。ルイ・ロットのつくりにこだわった純度 943 シルバーによる巻き管フルートや、金 10 ％の合金である G10 によるフルートなど特色のある楽器によって、ハンドメイド・フルートの専業メーカーとしての地位が築かれていった。独特の美しい作りと音色もあって、その評価は現在でも高いものがある[17]。

「ミヤザワフルート」の創業者である宮澤正は、学校卒業後にニッカンに勤務していた。その後、楽器関係の会社での営業職を経て、1969 年に宮澤管楽器製作所として創業した。現在は元の埼玉県朝霞市から長野県上伊那郡に工場を移し、ハンドメイドのフルートを中心に製造しており、プロのフルーティストをはじめ幅広い層に定評のある楽器を作っている。日本における主要ブランドの一角であり、さらに、ミヤザワフルートから 1997 年に独立したのが秋山好輝による「アキヤマフルート」である。アキヤマフルートは、

28 第Ⅰ部

フレンチ・オールドのルイ・ロットを模した特殊なフルートや、オールド・ヘインズなどのアメリカのよき時代の復刻フルートの製作で有名である。

ヤマハとなってからの時代に独立したメーカーとして、「フルートマスターズ」がある。ヤマハのフルート技術者として長年勤務していた、野亦邦明、野島洋一、豊田桂一の3人によって1992年に設立された。ヤマハという大企業からの独立であり、退職後2年間は楽器を作ることはできず、修理のみを行う約束となっていた。この2年の間に1,000本以上の古今東西の楽器を修理し、その経験も活かされて1995年にフルートが発表された。当初から国内販売に加えて海外市場での販売を計画しており、1996年から台湾・ドイツへの輸出を開始している。2000年代には韓国をはじめ、アメリカ・ヨーロッパ全土に販売網を拡大し、名実ともに世界的なブランドとして評価されるまでに成長した。その後も、フルートマスターズは国内外で高く評価されるようになり、総銀製や金製のハンドメイド・フルートのみを作り続けている。しかしながら、2001年に創業メンバーの野亦邦明が退社して、2002年から「ノマタフルート」として独立した。また、2015年には同じく創業メンバーであった豊田桂一が独立して、新たに「トヨダフルート」が創業されている[18]。

フルートマスターズは、最近の独立・創業のケースとしては規模も大きめで、ハンドメイド・フルート専業メーカーとしての特色があった。ヤマハに共に在籍した3人で始めた事業であり、ヤマハという大企業を退職して、先の見えないフルート工房の設立という冒険的な起業であったといえる。ヤマハという大企業らしく、退職者の競業禁止についても興味深く、2年の間は楽器を製造できないという条件付でありながらも、独立・起業に踏み切った意志が事業を成功に導いたのかも知れない。

ニッカン（ヤマハ）からの独立・創業の事例は多く、独立したメーカーからさらに枝分かれしている。産業集積というほど大げさな規模ではないが、独立したメーカーは、ニッカンやムラマツの工場の近くである東京都北部から埼玉県に集中しており、居住地の理由のほかにも、部品等の外注先や業界

第1章　本書の背景　29

表1-2　日本の主要フルートメーカーの一覧

ブランド名	製造会社	創業年	所在地（工場）
Aihara（アイハラ）	笛工房アイハラ	2006年	千葉県袖ケ浦市
Akiyama（アキヤマ）	（株）アキヤマフルート	1997年	東京都練馬区
Altus（アルタス）	（株）アルタス	1990年	長野県安曇野市
AZUMI（アズミ）	（株）アルタス/KHS（台湾）	2002年	長野県安曇野市・台湾
FMC（フルートマスターズ）	（株）フルートマスターズ	1992年	静岡県湖西市
IWAO（イワオ）	イワオ楽器製作所	1955年	東京都荒川区
Kotato & Fukushima（コタト＆フクシマ）	（有）古田土フルート工房	1985年	埼玉県入間郡
Mateki（マテキ）	（株）フルート工房マテキ	1978年	埼玉県坂戸市
Miyazawa（ミヤザワ）	ミヤザワフルート製造（株）	1969年	長野県上伊那郡
Muramatsu（ムラマツ）	（株）ムラマツフルート製作所	1923年	埼玉県所沢市
Nakano（ナカノ）	ナカノフルート	2015年	東京都練馬区
Natsuki（ナツキ）	ナツキフルート	1976年	千葉県八街市
Nomata（ノマタ）	（有）ノマタフルート	2002年	愛知県豊橋市
Pearl（パール）	パール楽器製造（株）	フルート部門 1968年	千葉県八千代市
Sakurai（サクライ）	桜井フルート制作所	1959年	埼玉県比企郡
SANKYO(サンキョウ)	（株）三響フルート製作所	1968年	埼玉県狭山市
Takezawa(タケザワ)	竹澤ピッコロ	1955年	埼玉県上尾市
Toyoda（トヨダ）	豊田フルート	2015年	静岡県
Yamada（ヤマダ）	山田フルート・ピッコロ工房	1978年	北海道
YAMAHA（ヤマハ）	ヤマハ（株）	1887年	静岡県浜松市

出所：楽器産業ガイド（2014・2016）および各社ホームページにより筆者作成。

　内での技術的な交流も要因といえる。今後もさらに技術の伝承が各社で行われることで、さらに派生したメーカーが現れていくものと想定される。

　上の表1-2は、現在の日本における主要なフルートメーカーを一覧化した表である。前に紹介したメーカーの中には、すでに廃業した業者や活動を停止中のメーカーもある。少子化や趣味の多様化によって国内市場全体が縮

30　第Ⅰ部

小し、さらに、中国製の低価格のフルートとの競合で輸出の環境も厳しく、現存する各メーカーは今後も厳しさを増すものといえる。楽器業界の事例として、1970年代から80年代の初頭に最盛期となった国内のピアノ産業は、ピーク時には延べ250社が存在したといわれるが、現存するメーカーは数少ない。ピアノ業界では、1980年代後半から急速に国内の市場規模が縮小しており、1985年の国内のピアノ出荷台数は20万台を超えていたが、2010年には2万台を割り込み、極端な落ち込みとなっている。現在の管楽器製造業においては、フルートやサックス以外ではヤマハの独占状態にあり、市場規模がピアノほどの大きさではなかったことから、影響はあまり表面化していない。フルート製造業の市場動向については、後の第6章で詳細を説明するが、業界全体としての製品開発による努力が見られた。フルートメーカーにおいては、現在も活動しているメーカー（ブランド）は約20社があり、他の楽器製造と比較すると、西洋楽器の領域においてフルートメーカーはまだ多い部類といえよう。

（2）ヨーロッパにおけるフルート製造

　1847年型のベーム式フルートによって現代のフルートの形が完成され、その技術はフランスで評価を受け、次第にヨーロッパ全土に広がっていく。フランスでは各工房で金属管を中心にベーム式フルートが製作され、そのフルートの多くは現代においても現役で活躍している。少し前の1990年代の時期になるが、フレンチ・オールドとして19世紀のフランスの古い楽器がもてはやされた時期があった。今では下火になってきてはいるが、依然として評価は高く、日本のメーカー各社もこの時代のフルートに近づけるべく、巻き管などの製法や特殊な銀の配合による研究を重ねている。

　Clair Godfroy（ゴッドフロイ）は、息子のV. H. Godfroyと娘婿のLouis Esprit Lot（ルイ・エスプリ・ロット）とともに、1832年型のベーム式フルートを製作していた。その後、1847年型のベーム式フルートのフランスにおける特許権を、ゴッドフロイとルイ・ロットの工房が手に入れ、フランス

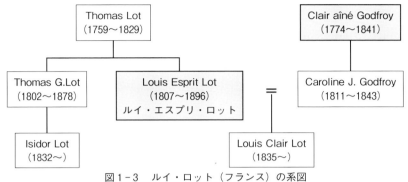

図1-3　ルイ・ロット（フランス）の系図
出所：Giannini（1993）p.54, p.62の図表により筆者作成。

においてベーム式フルートの製作を始めている[19]。ルイ・ロットの系図は、上の図1-3で示すとおりであり、ロットの一族はフルートの製作家として知られている。現在でもゴッドフロイやルイ・ロットのフルートはもちろん、甥のIsidor Lot（イシドール・ロット）のフルートもよく見かける。

ルイ・ロットは1855年に工房を独立し、その後、ルイ・ロット社によるフルートは1951年まで製作されており、現在に至るまでフレンチ・オールドの銘器として評価されている。次の表1-3で示すとおり、初代ルイ・ロットの後継者は1876年から2代目のVillette（ヴィレット）が継承し、3代目がDebonneetbeau（デボネートボー）、4代目がE. Barat（バラ）、5代目がE. Chambille（シャンビーユ）、最後は6代目となるG. Chambille（ガブリエル・シャンビーユ）まで続いている[20]。初代のルイ・エスプリ・ロットによるフルートは2100本強の数が製作されているが、初期のフルートの多くが木製の管によるものであり、現存する楽器の中では銀製の状態のよい楽器は数が少ない。楽器市場で多く目にするのは、4代目のE. Barat以降の後期の製番のものが多く、頭部管のカットやリッププレートの調整などを行わず、当時の原型を留めている楽器はさらに少ない。

1951年にS. M. L.社（ストラッサー・マリゴー・ルメール）によってルイ・ロットの商標は買い取られ、「Louis Lot（ルイ・ロット）」を冠したフ

32 第Ⅰ部

表1-3 ルイ・ロット工房の製作者（工場長）

	名　前	期　間	製　番
初　代	Louis Esprit Lot	1855-1876	1-2149
2代目	H. D. Villette	1876-1882	2150-3390
3代目	Debonneetbeau	1882-1889	3392-4750
4代目	E. Barat	1889-1904	4752-7350
5代目	E. Chambille	1904-1922	7352-9210
6代目	G. Chambille	1922-1951	9212-10442

出所：Giannini（1993）p.192により筆者作成。

ルートはS. M. L. 社によって1974年頃まで続いた。しかしながら、S. M. L.
社によるフルートは、メーカーロゴの刻印もデザインが変わり、楽器自体の
仕様も大きく異なっており、実質的なルイ・ロットのフルートは1951年が
最終といえる。

　次に、ヨーロッパのベーム式フルートのもう一つの本流ともいえる、ドイ
ツ・フルートについて考察する。テオバルト・ベームの出身はドイツであっ
たが、フランスやイギリスでいち早くベーム式フルートが導入されたのに比
べ、地元のドイツでは旧型のフルートがしばらく主流を占めていた。しかし
ながら、20世紀に入ると、ドイツを代表するハンミッヒ一族によって優秀
なベーム式フルートが作られるようになった。

　次の図1-4は、ドイツのHammig（ハンミッヒ）一族の系図を示してい
る。ハンミッヒ家は、系図にある以前の1780年頃からフルート製作に携わ
っていた。バロック・フルートの時代から続くフルート製作の一族であり、
前に説明したフランスのロット一族とも共通する。系図の最上部のグスタ
フ・アドルフ・ハンミッヒの2人の息子である、August Richard Hammig
（アウグスト・リヒャルト・ハンミッヒ）と Philipp Hammig（フィリッ
プ・ハンミッヒ）の兄弟は、ベームの弟子であるリッタース・ハウゼンにフ
ルート製作を師事した[21]。20世紀初頭から、2人はそれぞれの工房をドイ
ツのマルクノイキルヘンに構え、そのブランドは現在まで続いており、ドイ

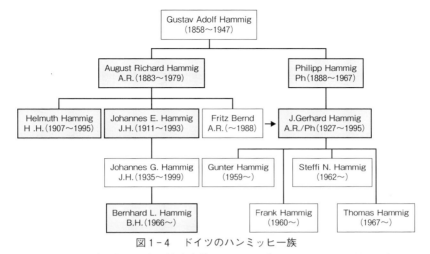

図1-4 ドイツのハンミッヒ一族

出所：Hammig（販売代理店：株式会社グローバル）のカタログ p.1および THE FLUTE 106号（2010）p.23を参考に筆者作成。

ツにおける有名フルートメーカーとして評価されている。

　August Richard Hammig（アウグスト・リヒャルト・ハンミッヒ）の2人の息子が、Helmuth Hammig（ヘルムート・ハンミッヒ）とJohannes Hammig（ヨハネス・ハンミッヒ）である。ヘルムート・ハンミッヒは、現代のフルートの名工として有名であり、日本のフルートメーカーにおいても目標とする製作家として尊敬を集めていた。工房を1950年にベルリンに置くが、東西ドイツの分断によって旧東ドイツ領の東ベルリンとなり、銀の材料の入手を含めて物資の調達に苦労しながら、木管フルートやピッコロを含む460本ほどの楽器を製作した。ヘルムートの楽器は極めて優秀であるとの高い評価を受け、今でも希少性から高額な価格が付けられて取引されており、日本においても複数の著名な演奏家が愛用する楽器として有名である。

　ヨハネス・ハンミッヒは、旧西ドイツで活躍したフルート製作家であり、兄のヘルムートにも劣らない評価を受けている。存命中に2000本近い楽器を製作しており、ヘルムートの楽器よりは流通する数は多い。ドイツ特有の

34　第Ⅰ部

ジャーマンカップのカバードキーのフルートのほか、リングキーのフルート
も多く製作しており、当時の西側の演奏家たちのニーズに合わせたフルート
を多く作っている。ヨハネスの死去後は、孫の Bernhard Hammig（ベルン
ハルト・ハンミッヒ）が工房を引き継ぎ、「ベルンハルト・ハンミッヒ」の
ブランド名で製作を続けている。

　ヨーロッパにおけるフルートメーカーは、フランス、ドイツのほか、イギ
リスにおいても、ルーダルカルテ社などのメーカーで多くのベーム式フルー
トが作られていた。しかしながら、現在のヨーロッパの主要なフルートメー
カーは限られており、ハンドメイド・フルートを製作するメーカーとしては、
ドイツのハンミッヒの各ブランドのほかは、ブラウンやラファン、トマジと
いった新興の製作家によるブランドが有名である。

　日本とヨーロッパのフルート製造について概観してきたが、フルート製造
の技術や技能が親から子に、または親方から弟子に伝承されて各メーカーが
存続し、新たなメーカーへ派生してきたことがわかった。この先の考察につ
いても、技術の伝承が一つのキーワードとなるといえるであろう。

〈第1章の注〉
（1）　文部省の音楽教育機関として設置された音楽取調掛に、指導者としてア
　　　メリカの音楽教育者であるメーソンが招かれ、1880 年に「バイエル・ピア
　　　ノ教則本」がメーソンによって日本にもたらされた。
（2）　ヤマハの創始者である山葉寅楠によって製作されたといわれている。
（3）　日本楽器製造（現ヤマハ）を退職した河合小市によって、1927 年に設立
　　　された。
（4）　THE FLUTE（ザ・フルート）128 号（2013）pp. 26-27、近藤（2003）
　　　pp. 7-18。
（5）　近藤（2003）pp. 22-29。
（6）　近藤（2003）pp. 30-37。
（7）　近藤（2003）pp. 38-48。
（8）　THE FLUTE（ザ・フルート）128 号（2013）pp. 27-28、近藤（2003）
　　　pp. 90-96。

（9） 近藤（2003）pp. 117-132。

（10） ミュージックトレード社（1989・1997・2011）を参考にした。

（11） 桜井幸一郎氏との親交の中で、1990 年頃から 2000 年にかけて聴取してきた内容をもとにしている。

（12） 福島哲夫氏は 1984 年から参加し、Kotato & Fukushima（コタト＆フクシマ）のブランド名となる。

（13） ザ・フルート編集部（1998）pp. 150-158 を参考にした。アルタスフルートの社長は田中修一氏であったが、実際の経営母体は台湾の功学社である。

（14） ザ・フルート編集部（1998）p. 90 を参考にした。

（15） ザ・フルート編集部（1998）p. 102 を参考にした。

（16） ザ・フルート編集部（1998）pp. 94-101、イワオフルート HP を参考にした。

（17） マテキフルート HP および同社カタログ、ザ・フルート編集部（1998）pp. 126-135 による。

（18） フルートマスターズの HP およびザ・フルート編集部（2012）pp. 4-7。

（19） Giannini（1993）pp. 101-148。

（20） Giannini（1993）p. 192, pp. 209-211。

（21） Hammig（販売代理店：株式会社グローバル）のカタログ p. 1、THE FLUTE106 号（2010）p. 23 による。

第2章

フルートの歴史と発展

1．フルートの成り立ち

（1）現代のフルートが作られるまで

　一般的にフルートといえばヨーロッパの横笛のイメージが強く、特に現代の金属製フルートと解釈されることが多い。しかしながら、ヨーロッパ各国では笛属に対する総称がフルートであり、日本の篠笛や能管、ペルーのケーナ、パン・フルートもすべてフルート＝笛ということができる。笛の音は、管に息を吹き当てることで独特の音色が得られ、その自然な音は古来より神秘的な美しさと力を感じさせ、人々を魅了したのであった。

　「笛」の歴史は古く、現在のリコーダーのように縦に構えて吹く「縦笛」は、古くはエジプトの古代文明などの祭祀に使われており、その後も世界各地で古くから使用されていた。現在のフルートにつながる「横笛」の歴史は「縦笛」より後の時代に生まれたとされるが、最古の横笛は紀元前9世紀頃の中央アジアで使用されていた。円筒の管に指でふさぐ孔を開け、横に構えて吹く「横笛」は日本へも奈良時代には大陸からもたらされており、アジア圏や欧州圏で独自に発展していった[1]。

　ヨーロッパで横笛が発展していくのは中世であり、12世紀から13世紀の記録に横笛のフルートが多く見られるようになる。その後、14世紀から16世紀のルネサンス期において、軍隊の鼓笛隊で小さな横笛「ファイフ」が使われるようになる。16世紀になると横笛はさらに発展し、軍楽隊で使われる「ファイフ」と室内楽で使用される「フルート」に分かれ、フルートの原型として発展していった。「ルネサンス・フルート」と呼ばれる当時の室内楽用の楽器は、長さを変えてソプラノ（ディスカント）、テナー、バスといった30センチ程度から90センチに至る様々なフルートが存在していた。材

質は木材で、柘植や楓などの硬く軽い木が使われており、音色は明るめで軽快なイメージであった(2)。

　ルネサンス・フルートの構造は次の時代の円錐形のバロック・フルートとは異なり、全体がほぼ均一な直径を持つ単純な円筒管であったため、音程に問題があったといわれる。現代のフルートは吹き口の頭部管の部分に絞りがあり、バロック期のフルート（トラヴェルソ）においては、指孔のある本管や足部の管が絞られ円錐形となって、音程の維持を図る構造となっている。この時代はまだ発展段階でもあったことから、現代ではA音（ラの音）が440Hzから442Hzを主流としているピッチについても、特に定まっておらず曖昧であったようである。飾り気のない単純な構造であるが、明るく軽快で優雅な音色は演奏家や聞き手を魅了して、次のバロック・フルートへつながる流行を支えたといえるであろう。

　17世紀になると、バロック期のオペラやカンタータに代表される技巧的で表情も豊かとなった声楽曲が現れ、同時期にオーケストラも形成されていった。また、弦楽器を中心に広い音域にわたる技巧的な器楽曲が登場したが、16世紀のフルートは円筒管の構造上の問題により、高音域での音程や音色の維持が難しく、他楽器との合奏に課題を抱えていた。

　17世紀後半になると、オトテール一族を中心とした音楽家と楽器製作者によってルネサンス・フルートの改造が行われ、円錐形の管を正確な寸法で仕上げ、円錐状になった内管によって指孔の間隔を縮めることで運指を容易にした。さらに、接合部の抜き差しによってピッチを変える可能性が得られ、第7音孔をキー（D#）で閉じ、これを開閉することで半音の演奏を可能とするなど、バロック期のフルート（トラヴェルソ）は全音域で上品で透明な音色が得られるようになった。18世紀初めには、指孔のある中部管が上下2管に分割され、フルート全体が4つの管で構成されるようになり、中部管の長さを変えることで様々なピッチに対応できるようになった。このバロック・フルート（トラヴェルソ）の完成によって、バロック期のJ.S.バッハやヴィヴァルディ、テレマン、ヘンデルなどがフルートの作品を残し、フル

ート曲と演奏の発展につながったものである[3]。

18 世紀中盤からその後 1 世紀の間にわたって、フルートは部分的な改造が相次いで試みられ、足部管を延長することによって従来の最低音 D から C# や C の音が出せる楽器が作られた。18 世紀末には 4 つのキーが音孔をふさぐ 4 鍵式フルートが登場し、その後 19 世紀に入ると音孔をふさぐ鍵が 6 つや 8 つという多鍵式フルートが作られるようになった。4 鍵式や 6 鍵式フルートによって可能となった音域の拡大とメカニズムの操作性は、ハイドンやモーツアルトの楽曲に影響を与えたといわれている。しかしながら、鍵の数を増やしても、ベースとなる楽器は 17 世紀のバロック・フルートであり、音域や音程の効果では根本的な改良とはならなかった。

19 世紀のフルートの大きな発展は、フルート製作者で演奏者でもある金細工師のテオバルト・ベームによってもたらされた。まず 1832 年にベームは、円錐形の木管フルートにリング状のキーと各音孔をふさぐキーを備えた「1832 年型ベーム・フルート」を製作し発表した。このモデルは、半音を出すトーンホールも含めて径を大きく改造し、大音量を出すことを可能にした。リングキーと精緻な連結機構を採用し、1 本の指で複数のトーンホールを同時に操作できるようにしている。新たなキーメカニズムでは、Es キーとトリルキーを除く全てのキーを常時開とし、必要な時だけふさぐ方式とした[4]。

ベームが 1832 年型のフルートを製作した同じ時代に、軍人でアマチュア・フルーティストであったゴードン（キャプテン・ゴードン）によるフルート改良の業績もベームに影響を与えたといわれている。ゴードンによる 1831 年、1833 年製作のフルートは、ベーム式と類似したメカニズムも見られたが、メカニズム自体は非常に複雑であったことがベームによって語られている。ベームのフルートがゴードンのアイデアに類似するとの「ベーム＝ゴードン論争」があったことも、当時のフルート発展期の時代背景として興味深い[5]。

その後、1847 年に現在のフルートとなる「1847 年型のベーム・フルート」

が発表された。ベームは製作の前段階において、ミュンヘン大学で音響学の講義を受け、円筒形の木管をいろいろな長さと直径に切断し、それぞれの音響的効果を実験した。木製では材質的な条件が揃わないことがわかり、硬質の金属管に置き換えることとなった。1847年に製作されたベーム式のフルートは、金属製の管に大きな音孔が開けられ、それをふさぐ鍵が連動する新たな構造であった。この改良によって3オクターブの音域が均一な鳴りで確保され、指の動きもスムーズにしっかりとした音量で各音を演奏することができた。従来の円錐形であった管体を円筒形にし、音響学に基づいてトーンホールの位置を決め直した。同時に高音域の音程改善のため、従来は円筒形だった頭部管部分を円錐形に改造している。胴部の円筒管の内径は19mmに設定され、頭部管の内径は上部にいくにつれて絞られ、反射板コルクの周辺では内径17mmになっていた。頭部管の唄口のサイズも改良され、大きな唄口でたくさんの息を管内に取り込んで力強い音をつくり出すように改良された。また、管体を金属（銀）製に変更することによって、トーンホールを大きくすることができ、木製のように割れる心配はなくなった[6]。

　ベーム式フルートは、フランスとイギリスの奏者の間で人気を得ており、1838年にはパリ音楽院でベームの1832年モデルが採用された。その後、パリ音楽院教授となったドリュによって、ベーム式フルート（1847年モデル）が学院の公式楽器に認定され、アルテスやタファネル、ゴーベール、モイーズなどのフルート科教授によって奏法が発展し続け、確立していった。また、楽器の工業製品としての完成度も評価され、ベーム式フルートは、1851年のロンドン国際工業博覧会で一等賞、1855年のパリ博覧会で金賞を得ている。さらに、作曲においても、ベーム式フルートで可能となった音域とテクニックによって、ブラームスやチャイコフスキーなどによる19世紀の管弦楽曲に大きな影響を与えている[7]。

　しかしながら、旧式のフルートの優しく柔らかな音とは一線を画し、その後もベーム・フルートの支持者たちと旧式フルートの支持者に分かれていった。ベーム式フルートは、ドイツのほか、フランス、イギリスにおいて特許

が買われ、管の材質やスタイルなど若干ではあるが独自に発展をしていくことになる。時代の求める全音域における音程の安定やオーケストラの中での音量、演奏の容易性という観点からも、20世紀においてはベーム式フルートの優位性は明らかとなり、旧式の多鍵式フルートからの独自の発展モデルは次第に廃れていくこととなった。

（2）フルートの構造

　現代のフルート（ベーム式フルート）は、主に銀や洋銀といった金属で作られており[8]、吹き口である頭部管、多くの鍵（キー）のある胴部管、そして足部管[9]の3つに分かれている（写真2-1）。一般的なC足部管コンサートフルートでは長さが65cm程度、重量は材質によって異なるが400gから500gの間が中心となっている。写真2-2のように3分割されることから、長さ40cm強のハードケースにコンパクトに収納できる。

　写真2-2で示すように、管体には音孔が開けられ、それをふさぐ鍵（キー）が並んでおり、各キーはキーパイプの中の芯金で連結され、各キーは連動して動くことになる。キーとキーパイプを支えるために、管にハンダ付けされた台座（座金）にキーポストが立てられており、その間がキーパイプでつながっている。キーの開閉については各キーに金属製バネ（スプリング）が連動しており、指で押さえたキーはバネの力で復元し、閉じられたキーを指で押して開くとバネで閉じた状態に戻る構造である。

　次の写真2-3は、フルートのパーツを分解した状態であり、各パーツを組み上げてネジを取り付け締めることで、元のフルートの形に組み立てることが可能である。各キーの裏にはパッド（タンポ）が取り付けられており、このパッドが管体の音孔（トーンホール）を密閉することで音階を変える重要な役目を持っている。管体の台座に立てられたキーポストにはバネ（スプリング）が取り付けられており、キーの根元のバネ掛けに引っかけられてキーの開閉を行う。頭部管は発音上で重要な部分であり、リッププレートと呼ばれる吹込み口（唄口）を有しており、写真では反射板とコルクも引き抜か

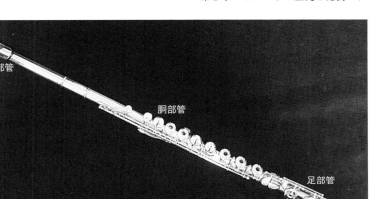

写真 2-1　フルート全体図
出所：筆者所蔵楽器（パールフルート・マエスタ F9801RBE）

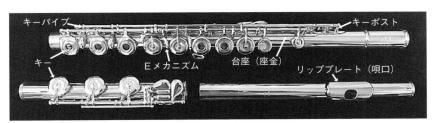

写真 2-2　フルート各部の名称
出所：筆者所蔵楽器（パールフルート・マエスタ F9801RBE）

れた状態となっている。ピアノの全パーツとは違い、フルートのパーツ数は決して多くはない。熟練した技術者であれば、短時間で分解し再度組み立てることが可能であり、比較的単純な構造ということもできる。しかしながら、この一つひとつのパーツの精度が音色にも大きな影響を与え、全体のハンダ付けやロウ付けの完成度、パッド（タンポ）の合わせ具合によって演奏や音色の良し悪しが左右される。

　分解された写真のフルートは、一般的な金属製のC足部管、カバードキーのモデルであり、H足部管になればさらに足部管が長くなり、キーやパッド

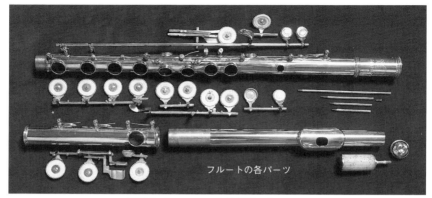

写真 2-3　フルート分解後の各パーツ
出所：筆者所蔵楽器による。2019年6月撮影。

写真 2-4　頭部管のリッププレート単体
出所：筆者所有のパーツを撮影。2019年6月撮影。

の数などが増える。また、カバードキーがリングキーとなっても、指が当たる表側の5つのキーが穴の開いた形状となり、パッドも穴の開いた対応品に変わる。そのほか、G-AトリルやCisトリルなどの特殊なメカニズムなどが加わることによって、部品の点数は変化していくことになる。

　写真2-4はリッププレートとライザー（チムニー）を取り外した写真であり、右側の写真はその裏側から撮影したものである。リッププレートとライザーはフルートの発音上で極めて重要な箇所であり、この吹き口の穴の形状やプレートの傾斜、台座であるライザーの高さや角度によって音色が大きく左右される。このリッププレートの形状の違いによって、各メーカーは頭

部管のモデルの種類を変えており、唄口と呼ばれる吹き口の穴の大きさや楕円の形状による音色や音量感の違い、吹き易さとコントロールのし易さを求めている。

　現在のフルート業界において、頭部管の役割は演奏上で大きな比重を占めるものと理解されており、頭部管のテーパー[10]（絞り）による音程・音色の違い、唄口（リッププレートとライザー）の形状による発音の違いが認識されている。唄口の吹込み口（穴）の形状は、19世紀のフレンチ・フルートであれば小さな楕円形の穴であり、穴の周囲や管につながる台座部分はストレートな煙突状であった。この時代のオールド・フレンチ・フルートは音量こそ大きくはないが、独特の空気感と響きを持つ音を奏でるフルートである。この基本スタイルも時代とともに改良が施され、小さな楕円形の穴を大きくしたり、四角いスクエアな形状にしたりすることで、大きな音量が得られることや、息が入り易くなることで発音が容易になるなどの効果が確認されるようになった。

　現在のフルート販売においては、多くのメーカーが頭部管の種類を購入時のオプションとすることや、リッププレートや唄口穴の形状がわずかに異なる何種類もの頭部管を用意して、追加での購入が可能なように準備されている。実際に頭部管のみを買い求めるケースも多く見られ、頭部管のみの中古市場も充実していることから、本体と異なるメーカーに差し替えたり、金属の材質を変えてみたりすることが可能である。頭部管のみを製造・販売する専業のメーカーも何社か存在し、頭部管メーカーのブランド[11]も確立しつつある。頭部管単体であっても、管体に特殊な銀管（970銀・997銀など）を使用することや、リッププレート・ライザーに金（14K・18Kなど）やプラチナを使用することで付加価値を上昇させ、価格帯が銀製フルート本体の価格に近い水準[12]の頭部管も多く存在している。変わったところでは、頭部管自体を木で製作して銀のフルート本体に差し替えることや、銀の管体に木製や象牙、貝製などのリッププレートを取り付けた頭部管も市場に出回っている。演奏家が頭部管の重要性を認識しているからこそ、その需要は高く、頭

44 第 I 部

部管のみの市場が存在するものといえよう。

2．フルートの歴史

（1）西洋の古楽器（バロック期のフルート）

写真 2-5 は、17 世紀終盤から主流となったバロック・フルート（フラウト・トラヴェルソ、以下「トラヴェルソ」と表記する）であり、写真のものは現代の製作者による復刻版として 415Hz のピッチ（A = 415Hz）で製作されたモデルである。頭部から足部まで円錐形に絞られた木製の円筒であり、比較的小さな 7 つの音孔が開けられ、小指で操作する足部の D の音孔には唯一のキーが取り付けられている。息を吹き込む唄口についても、ほとんど円形といえる小さな穴が開けられているだけであり、極めてシンプルなつくりである。現代のフルートとは違い、音量や音程を得るのが難しく、楽器によって出し易さは異なるが、基本的な音域は最低音のレ（D1）から 2 オクターブ上のラ（A3）までの発音が可能である。

バロック時代に「フルート」といえば縦笛（リコーダー）のことであり、横笛は「フラウト・トラヴェルソ（イタリア語：flauto traverso）」と呼ばれていた。単に「トラヴェルソ」と呼ばれることが多く、現在では「バロック・フルート」と呼ぶこともある。バロック・フルートの多くはルネサンス・フルート（テナー）と同様に、木製の D 管であったが管体が 3 分割または 4 分割でき、接合部を抜き挿しすることや管を交換することによって、ピッチの調節が可能となった。トーンホールは 7 つに増え、頭部管側の 6 つはルネサンス・フルートと同様に指で直接ふさぎ、最下端の 1 つは指が届かず右手小指で押すシーソー形のキーが付いている。この形状から「1 キーフルート（1 鍵式フルート）」とも呼ばれており、このキーによってルネサンス・フルートで音の出しにくかった半音 D#（E♭）が容易に出せるようになった。

管の内面はルネサンス・フルートのような円筒形ではなく、頭部管から足

第 2 章　フルートの歴史と発展　45

写真 2-5　バロック・フルート（トラヴェルソ）
出所：筆者所蔵楽器。2019 年 6 月撮影。

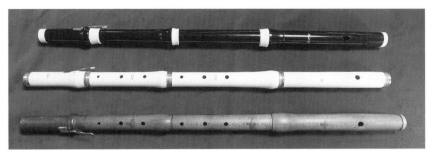

写真 2-6　バロック・フルート（復刻版による比較）
出所：いずれも筆者所蔵楽器。2019 年 6 月撮影。

部管に向かって次第に細くなる円錐形になっている。これによって音色がやややこもった暗い感じにはなったものの、低音から高音まで音色の統一感が向上した。こうした改良によって高い表現力を身に着けた横笛は、次第に縦笛に取って代わる存在となっていった。

写真 2-6 は、現代に復刻されたトラヴェルソ 3 本を比較したものであり、上の 2 本については、日本のアウロス・ブランド（トヤマ楽器製造）による樹脂製の復刻版である。上から、アウロスの AF-1 グレンザーモデル（モダンピッチ A＝440 Hz）、中央がアウロスの AF-3 ステインズビージュニアモデル（バロックピッチ A＝415 Hz）、下が日本人製作者による全木製の復刻モデルである。指でふさぐ 6 つの音孔は丸く小さく開けられており、金属のキーが 1 つ付けられ、息を吹き込む唄口も丸く小さく、管は上から下へ絞られたつくりである。特に樹脂製ステインズビージュニアの復刻モデルでは、その円錐形の絞られた形状をしっかりと確認することができる。また、写真の 3 本ともに、息を吹き込む唄口はどれも円形で小さな穴であり、金属管の

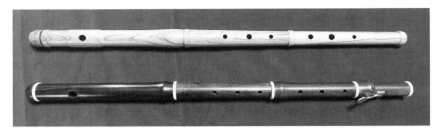

写真 2-7　アイリッシュ・フルートと現代製作のトラヴェルソ
出所：いずれも筆者所蔵楽器。2019年6月撮影。

通常のフルートとは若干異なり、ポイントに息を集中させるコツが必要である。

　上の写真2-7は、上がアイリッシュ・フルート[13]、下が現代に作られたトラヴェルソであり、木製（黒檀製）ではあるが比較的入手し易い復刻版モデルである。前述のトラヴェルソ同様に、つくりは極めてシンプルではあるが、円錐形の絞りがあることによって音程が確保されている。フルート製造の歴史の中において、現代のベーム式のモダンフルートの原型となるモデルであるが、横笛という外観を除いては構造的にも大きな違いがあり、縦笛のリコーダーを横笛にしたイメージの残るモデルである。音量や音色、音程の安定性についても現代のベーム式の金属管フルートとは大きく異なり、奏者の技量も十分に要求される楽器といえよう。

（2）東洋の伝統的な笛（日本と中国）

　写真2-8は日本の伝統的な「篠笛」であり、竹製による笛である。祭りの囃子に使用される一般的な和笛であるが、竹による管体は軽量であることから、その音色は甲高く軽い鳴りで遠くへ響き渡る吹奏感である。まさに、祭り囃子や神楽を思い起こす独特な日本の音を感じる笛といえる。貴族や武家など上流階級が用いた「龍笛」「能管」は、巻きや塗りなどの装飾が施されているが、一般庶民の笛として親しまれてきた「篠笛」は簡素なつくりである。また、篠笛はフルートとピッコロの中間の長さであり、音域もフルー

第 2 章　フルートの歴史と発展　47

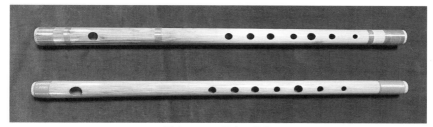

写真 2-8　日本の篠笛
出所：いずれも筆者所蔵楽器。2019年 5 月撮影。

写真 2-9　中国の笛（笛子）
出所：いずれも筆者所蔵楽器。2019年 5 月撮影。

トとピッコロの間に位置しているものが大半である。篠笛の単純な円筒管は、西洋のバロック期以前のルネサンス期における「ルネサンス・フルート」に近似しており、進化していく前のフルートの原型ともいえる。西洋のフルートやトラヴェルソとは根本的に求める音色や音楽性が異なり、指孔（音孔）の数も「六孔」「七孔」と異なり、長さや調の種類が数多く存在していることからバリエーションは多い楽器である。

写真 2-9 は、中国の笛「笛子（ディーズ・Dizi）」である。竹（苦竹・白竹・紫竹）でつくられた円筒の管に指孔が 6 つ、管の下端に調律および装飾用の出音孔が 2 個（または 3 個）あり、指孔と唄口（吹口）との間には竹や芦の薄皮の薄い膜（笛膜）を張った笛膜孔（写真 2-10）を有し、笛膜を共鳴させることで独特な響きによる中国的な音がする[14]。調により長さが異なり、C調やD調などの笛が製作されている。竹製以外にも黒檀でつくられた

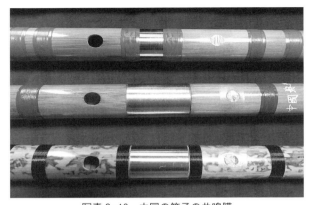

写真2-10　中国の笛子の共鳴膜
出所：いずれも筆者所蔵楽器。2019年5月撮影。

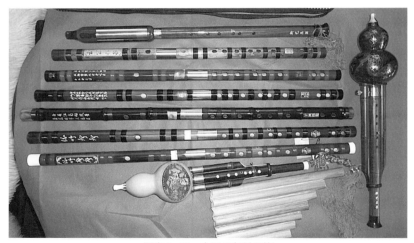

写真2-11　中国の各種の笛
出所：すべて筆者所蔵楽器。2019年5月撮影。

木製の笛もあり、中国現地では千円台で購入できる低価格のものから品揃えがあり、買い求めやすい価格帯である。筆者においては、中国・上海と台湾・台北で各調の笛子10本程度を買い求めた。曲の演奏に挑戦すべく練習を続けたが、音階の運指と中国の楽譜が独特であるとともにフルートとは違

第 2 章　フルートの歴史と発展　49

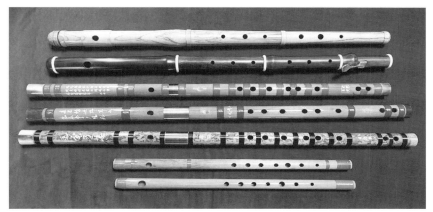

写真 2-12　西洋の笛と東洋の笛の比較
出所：すべて筆者所蔵楽器。2019 年 5 月撮影。

う表現法であることから、本格的な演奏に至るまでに断念した経験がある。

　笛子の特徴は、笛膜の存在以外にも、フルートの頭部管に当たる二分割の上部の管が極めて長く、吹き口が中央部に寄っているイメージである。また、唄口の上部には漢詩などの文字が彫り込まれており、文字に金の装飾が施されることや、補強する糸の巻き付け部もそれぞれデザインが異なっている。

　写真 2-11 は、中国の民族楽器の笛属を集めたものである。笛子（ディーズ）のほかに、ひょうたんで作られた「葫芦糸（フルス）」、縦笛の「巴烏（バウー）」、中国のパン・フルートである「排簫（はいしょう）」が写っている。「笛子（ディーズ）」は、それぞれ C 調と D 調の楽器であり、文字の装飾や色目、材料が異なっている。

　中国の笛は、中国伝統楽器の演奏家で構成される「（上海）女子十二楽坊」によって、2000 年代初頭から日本でも有名になり、日本における笛子のアマチュア演奏者も増えていった。

　写真 2-12 は、西洋の古楽器の笛と、中国の笛子、日本の篠笛を並べて比較したものであり、上から西洋の木製のアイリッシュ・フルート、トラヴェルソ、中央の 3 本が中国の笛子、下 2 本が日本の篠笛（C 調）である。それ

50　第Ⅰ部

ぞれの源流も異なり、基本的な音域や音色、演奏法も独自の歴史を経ていることから、横笛の形はしているがその楽器としての性格は大きく異なっている。日本の篠笛は高音域の楽器として甲高い鳴りであり、吹奏管の長さは当然に短く笛自体の重量も軽いのが特徴である。西洋の笛は木を加工した材質が主流であるため、竹を中心とした中国や日本の笛と比べると重量も多少あり、その音の響きは深く落ち着いた印象が強い。

　「アイリッシュ・フルート」と「バロック・フルート（トラヴェルソ）」の吹奏管の長さはD管でほぼ等しいが、中国の「笛子（ディーズ）」については、唄口から第6音孔までの距離は短い。さらに、日本の「篠笛」はC調の楽器ではあるが、管の内径も細く吹奏管の長さも短い。

（3）発展途上のフルート（多鍵式フルート）

　バロック・フルート（トラヴェルソ）から現代のフルートに発展する過程において、従来のトラヴェルソの1つのキーからキーの数を増やして演奏を容易にし、演奏音域や音程の安定性を追求すべくフルート製作の試行錯誤が行われていた。指で音孔を直接押さえることは、楽譜における複雑で速い動きの要求に対しては限界も生じ、作曲家の求める新たな技法や演奏に対して高度なテクニックを必要とされていた。演奏者は作曲家でもあることが多く、自らの挑戦を兼ねて複雑で高度な指の動きを見せる曲目が演じられることもあったが、より一般的に演奏を容易に安定的なものとするために、楽器自体の進化も求められていった。

　フルートの進化の過程で登場したのが多鍵式フルートと呼ばれるものであり、音孔をふさぐキーが複数取り付けられた楽器であった。18世紀半ばから19世紀前半の時代になると、より多くの調に対応させて不安定な半音を改善するために新たな音孔を設置し、これを開閉するキーメカニズムを付け加えることや、高音域が出しやすいよう管内径を細くするなどの改良が行われた。新たにキーメカニズムを用いることで、D管のままではあるが最低音がC音まで出せるフルートも作られるようなる。これらの楽器は、バロック

時代の「バロック・フルート」と区別して、「クラシカル・フルート」「ロマンチック・フルート」と呼ぶこともある。この時代になって縦笛（リコーダー）は衰退し、フルートは横笛を指すようになった。

　キーが追加されるに従って、クロスフィンガリングを用いずに出せる半音が増えるとともに、音は明るさや軽やかさを増したといわれている。最低音がド（C4）の8キーフルートには半音を出すキーが備わっているが、常時閉じた状態であり、必要なときだけ開ける方式であった[15]。

　多鍵式フルートによってクロスフィンガリングが不要になったことは大きな進化であったが、当時のフルートの製作者が各々独自の考えに基づいて改良していった。そのため、操作法は統一されておらず、演奏の運指も複雑となってしまったことから、完全な進化と言い切れるものではなかった。

　次の写真2-13はキーが4つ付いた4鍵式のフルートであり、特にメーカーの刻印は見られず無銘のものである。管の長さは短めで吹奏のピッチは高い楽器であり、つくられた当時の詳細は不明であるが、キーの取り付けや唄口の削り、円錐管の形状など進化途上の資料的な価値は高いものといえる。唄口（吹き口）の穴はトラヴェルソの時代と大きく変わらないが、全体的に横長の楕円形に成形されており、管体に重量が増したこともあって息を吹き込む量によるバランスと音量を考えられた構造となっている。確かに、1キーのトラヴェルソよりは吹奏の抵抗感もあり、接続部に補強の金属が使用されるなど響き方は異なっている。

　写真2-14は、さらに発展形と考えられる8つのキーを有する8鍵式の木管フルートである。メイヤー式（H.F. MEYER）の木製フルートであり、「HANNOVER」の刻印がある楽器である。ドイツのH.F. メイヤーによって開発されたフルートであり、トーンホールの径を大きくして音量を増加させるなどの改良が加えられた多鍵式の円錐管、旧式運指のメイヤー式フルートといわれる楽器である。このメイヤー式フルートは多くのメーカーによって模倣され、フランスを除いてドイツやアメリカでは、1930年頃まで使われていた。1847年のベーム式フルートに対抗する形で、従来のフルートの

52　第Ⅰ部

写真2-13　4鍵式フルート
出所：筆者所蔵楽器。2019年5月撮影。

写真2-14　8鍵のメイヤー式フルート
出所：筆者所蔵楽器。2019年5月撮影。

写真2-15　メイヤー式フルートの唄口部分
出所：筆者所蔵楽器。2019年5月撮影。

　伝統的音色を残しながら操作性をよくした楽器として、ベーム式フルートと併行して活躍したフルートとして歴史的価値が高い。頭部管の拡大写真2-15を見ると、唄口（吹き口）の形もトラヴェルソ時代からは明らかに変化があり、丸い小さな穴から四角い楕円形に変わっている。接続部には金属（銀）が使用されており、木の重量感も増していることから全体に重厚なつくりとなっている。吹奏感も現代のフルートに近く、トラヴェルソの温もりを維持しながらも音量と響き、音程の安定が施された中庸な楽器といえ、ドイツでは19世紀後半から1930年代頃までメイヤー式が主流であった。日本においても、20世紀初頭まではベーム式フルートの普及にまだ至っておらず、軍楽隊などでもメイヤー式が多く使われていたようである[16]。
　写真2-16は、1847年のベーム式による1900年頃製作の木管フルートで

第 2 章　フルートの歴史と発展　53

写真 2-16　1847 年型ベーム式木製フルート
出所：筆者所蔵楽器。2019 年 5 月撮影。

写真 2-17　木製フルートの比較（ベーム式と多鍵式）
出所：いずれも筆者所蔵楽器。2019 年 5 月撮影。

あり、頭部管唄口には後の時代に若干の修正（改良）が見られる。ドイツなどでは、1847 年にベーム式フルートが誕生した後においても、金属製フルートから出る倍音を豊かに含む音色を好まなかったといわれている。また、当時の作曲家や指揮者の中でも、大音量となった金属管のベーム式フルートの合奏上の調和に苦慮した様子がうかがえ、従来型の多鍵式フルートなど旧来のフルートを採用し続けた例も見られた。それだけに、ベーム式によるフルートの発展は大きかったことを理解できる。しかしながら、ベーム式メカニズムの長所は認めざるを得ず、20 世紀に入る頃には管体は木製であるがキーメカニズムはベーム式という折衷型の楽器が用いられるようになった。

　管体が木製であっても、ベーム式フルートとして前述のメイヤー式とは一線を画す音色であり、その演奏音域や各音階の音程も安定している。金属管に比較すると木管独自の暖かい音色が特徴であるが、現代のフルートとして操作性や音量も十分といえる。木管のベーム式フルートは、ドイツで作られたほか、フランスやアメリカにおいても作られ、現在の内外の著名メーカー

54　第Ⅰ部

も 2000 年代から木管フルートの製造に参入している。

　写真 2-17 は木製フルート 3 本を比較した写真であり、上からベーム式フルート、メイヤー式 8 鍵フルート、4 鍵式フルートの順である。ベーム式とメイヤー式はそれぞれ最低音がド（C4 音）であり、管体の長さはほぼ同じである。接続部への金属（銀や洋銀）の使用など、前時代のバロック・フルートとは異なってそのつくりは堅牢になってきている。

3．ベーム式フルートの発展

（1）フランスのフルート

　フランスの Clair Godfroy（ゴッドフロイ・1774 年-1841 年、以下、ゴッドフロイとする）は、フランスにおいて 1800 年代初頭にバロック・フルートをはじめ 4 鍵や 8 鍵などの多鍵式フルートを製作していた。その後、ゴッドフロイの息子（V. H. Godfroy）と娘婿の Louis Esprit Lot（ルイ・エスプリ・ロット・1807 年-1896 年、以下、ルイ・ロットとする）によって God-froy ブランドによる 1832 年型のベーム式フルート（木製円錐管）が製作されている。Giannini（1993）によると、ルイ・ロットは 1807 年に生まれ、1833 年にフルート製作家のゴッドフロイの娘である Caroline J. Godfroy と結婚した。1847 年にはゴッドフロイとルイ・ロットの工房が 1847 年式のベーム円筒管フルートのフランスにおける特許権を手に入れ、フランスにおいてベーム式の円筒管フルートの製作がはじまった。その後の 1854 年に、ゴッドフロイとルイ・ロットの会社は解散し、1855 年からルイ・ロットは工房を独立した。その後、ルイ・ロット社によるフルートは、その後継者たちによって 1855 年から 1951 年までに 10442 本（製造番号による）が製作され[17]、フランスにおけるフルート製造の代表的メーカーとなっていった。初代ルイ・ロットの後継者は 1876 年から 2 代目の Villette（ヴィレット）が継承し、資料で残る最後は 6 代目となる G. Chambille（G. シャンビーユ）まで続いており、1951 年に S. M. L. 社（ストラッサー・マリゴー・ルメール）

によってルイ・ロットの商標は買収された。ルイ・ロットのブランドによるフルートは S. M. L. 社によって 1974 年頃まで続いたが、実質的なルイ・ロットのフルートは 1951 年が最終といえる。

　ルイ・ロットによるフルートは、小ぶりなキーカップやパーツ類の曲線美、全体に細身なつくりによる華奢な印象であり、現代においても大変美しいフルートの造形と定評があり、ドイツで継承された機械的で武骨なイメージのベーム式フルートとは異なっている。当時のフルートは、銀製または洋銀製、グラナディラやコーカスウッドによる木製であった。当時の銀は純度や配合が一定ではなく、多種多様な金属の不純物が多く含まれており、そのこともあって現代の銀製フルートとは違う響きであるともいわれている。1980 年代までフルートの銀材料として主流であった、銀純度 925 のスターリングシルバーや純度 900 のコインシルバーとは異なり、943／1000 や 946／1000 のような特殊な純度と金属配合の銀製フルートがみられた。また、フルートに使用される銀のパイプは、銀食器や銀のスプーンを溶かして板状に延ばしたものを、巻いて円筒状に成形する「巻き管」が主流であった。厚さ 0.3mm 台の薄い貴金属の円筒を圧延によって製造する技術がなかったと考えられるが、洋銀製の管についても同様に巻き管による製造であった。

　洋銀は「Maillechort（マイショー）」とフランスでは呼ばれ、当時の洋銀は現代の銅にニッケルや亜鉛を加えた合金とは異なり、銀同様に金属の配合は一定ではなく不純物を多く含んだ金属であった。現在の洋銀（洋白）製フルートは安価な初心者向けモデルのイメージがあるが、当時の洋銀製は現代の洋銀製フルートとは異なり、全体のつくりも銀製と変わらないものであった。単純に銀製より安価な素材というばかりではなく、銀とは異なる響きを得る目的があったものと考えられる。ルイ・ロットにおいても多くの洋銀製のハンドメイド・フルートが製作されており、現代にも多くのフルートが残され現役で活躍している楽器も数多い。

　次の写真 2-18 から写真 2-20 は、筆者が長く所有するルイ・ロットの総銀製フルートである。20 数年前に国内のフルート工房において、ハンダ付

56　第Ⅰ部

写真 2-18　Louis Lot（ルイ・ロット）の銀製ベーム式フルート
出所：筆者所蔵楽器。2019 年 5 月撮影。

写真 2-19　Louis Lot（ルイ・ロット）の刻印部分
出所：筆者所蔵楽器。2019 年 5 月撮影。

写真 2-20　ルイ・ロットのトーンホールとキーカップ
出所：筆者所蔵楽器。2019 年 5 月撮影。

けの修正やパッドの交換などの全体的なオーバーホールを行っているが、極めて当時のオリジナルに近い姿を保っている貴重な楽器である。初代ルイ・ロットから 4 代目となる E. Barat（E. バラ）の時代である 1889 年製（4000 番台後半）のフルートであり、管体は銀の巻き管によってつくられている。

管には巻いた痕の継ぎ目が見えており、キーカップは全体に小振りで、D#レバー（Esキー）は「ティアドロップ（涙のしずく型）」と呼ばれる独特な形状である。各パーツには当時の銀製品を示す刻印が施され、頭部管のリッププレートには銀の刻印とともにひし形のメーカー・ホールマークが見える。写真2-19のように、胴部ボディと頭部管には「L. L. LOUIS LOT PARIS」のメーカー刻印があり、写真2-20のようにトーンホールは管にハンダ付けをされ、全体のパーツの各々がハンドメイドによる美しさを感じるフルートである。

　このフルートは管の厚みが薄くパーツも華奢なことから、総銀製ではあるが全体的に軽量である。頭部管の唄口の穴は小さく円形に近い楕円のため、息を吹き込む際にはポイントを絞った高度な奏法が必要であるが、ポイントに息が入れば大変美しい響きが得られる。その音色は独特の空気感と響きをもっており、一般にオールド・フレンチといわれるフルートの音がする。この独特の音色については、当時の製法によるものなのか、設計上の違いか、金属素材の違いまたは金属の経年変化によるものかは判断できないが、この特徴は世界的にルイ・ロットのフルートが重宝されてきた理由でもあろう。

　次の写真2-21は、Henri Selmer（アンリ・セルマー）社のフルートである。アンリ（ヘンリー）・セルマーは1885年にパリに最初の工房ができたフランスで最初の総合管楽器メーカーである。1905年にアンリ・セルマーがフルートメーカーのバルビエ社を買収しており、フルートの本格製造はこの時期からと推定できる[18]。現在はフルートの製作はしていないが、サクソフォン、クラリネットのメーカーとして世界的に著名である。1904年にアメリカに進出し、セルマーUSA（Selmer USA）としてアメリカ国内でも独自に発展してきた。1929年にサクソフォンを発明したアドルフ・サックスの工房を買収し、サクソフォンにおいては世界のトップメーカーでもある。

　写真2-21に刻印が見えるアンリ・セルマーのフルートは総銀製モデルで、1900年代初頭のモデルと見られ、写真2-22に薄く筋状の継ぎ目が見えるように「巻き管」による管体である。セルマー社における製造番号の詳しい資

写真 2-21　アンリ・セルマー（フランス）のフルート
出所：筆者所蔵楽器。2019 年 5 月撮影。

写真 2-22　アンリ・セルマーの巻き管部分
出所：筆者所蔵楽器。2019 年 5 月撮影。

料はないが、形状から初期のモデルで 1910 年代頃の製造と考えられる。この時代のフレンチ・フルートに特徴的なメカニズムの構造を備えており、各トーンホールはハンダ付けで作られ、頭部管の唄口穴も小振りな楕円形である。総銀製で巻き管モデルであり、キーの形状もルイ・ロットの流れをくむスタイルを持ち、この後の時代に製作されたアンリ・セルマーのフルートに比べると、音色も初期のフレンチ・フルートに近い特徴が見られる。

　次の写真 2-23 は、後期のアンリ・セルマー社（フランス製）によるフルートである。カバードキーのオフセットで、ポイントアームの仕様ではある

写真 2-23　後期のアンリ・セルマー（フランス）のフルート
出所：筆者所蔵楽器。2019年6月撮影。

写真 2-24　アンリ・セルマーの刻印、キー部分、唄口
出所：筆者所蔵楽器。2019年6月撮影。

写真 2-25　アンリ・セルマーのトーンホールとキーメカニズム
出所：筆者所蔵楽器。2019年6月撮影。

が、前に紹介した初期のモデルに比較すると、オールド・フレンチの特徴は少ない。フラットなキーカップの形状はドイツ管のキーに似ており、フラットに緩やかな凹凸でラウンドにやすり掛けされている。写真 2-24 のようにロゴマークも初期のモデルとは変更され、「HENRI SELMER PARIS」が円形のデザインで描かれており、現在のロゴマークと同じ刻印である。頭部管の唄口については若干スクエアになっており、全体に初期のモデルに比較して武骨な印象もあるが、音量は初期モデルより大きく現代的な音色を感じる。

　写真 2-25 は、アンリ・セルマーの後期モデルのキーメカニズムを拡大したものである。トーンホールは高めに切り立っており、裏側のブリチアルディキー部分はダブルのキーパイプで機能し、台座（座金）は管に垂直ではなく平行に取り付けられている。フレンチ・フルートの一般的な台座のスタイルではなく、アメリカ・エルクハート系（アームストロング等）のフルート

写真 2-26　Couesnon（クエノン）のフルート
出所：筆者所蔵楽器。2019年6月撮影。

写真 2-27　Couesnon（クエノン）の樽管の刻印
出所：筆者所蔵楽器。2019年6月撮影。

写真 2-28　Couesnon（クエノン）の頭部管
出所：筆者所蔵楽器。2019年6月撮影。

に見られる形状であることから、アメリカ・セルマーの影響を受けているものと考えられる。1918年にアメリカでの会社の経営権は従業員であったジョージ・バンディ（George Bundy）に託されており、すぐにフルートの製造を始めることになり、セルマー・フルートの設計のためにジョージ・ヘイ

写真 2-29　フレンチ・フルートの比較
出所：いずれも筆者所蔵楽器。2019年6月撮影。

ンズ（George W. Haynes）を雇用し、さらにドイツ人職工のクルト・ゲマインハルト（Kurt Gemeinhardt）をセルマーのフルート設計に携わらせた。この時代の流れとともに、フランス製のアンリ・セルマーに変化が見られたものといえよう。

　写真2-26は、フランスのCouesnon（クエノン）社のフルートであり、写真2-27のように胴部の樽管部分にメーカー名等の刻印が施されている。素材は洋銀（マイショー）に銀メッキが施されたモデルであり、キーカップが右手人差し指のFキーのみオープン・ホールとなっている珍しいモデルである。写真2-28のように頭部管のリッププレートは中央部が盛り上がったウェイブの形状であり、ドイツ製フルートによく見られるものである。

　クエノン社の製造番号の詳しい資料はないが、時代的には比較的新しく1900年代前半の製造と考えられ、いわゆるオールド・フレンチのフルートとは一線を画したモデルである。クエノンのフルートについては、20世紀中盤の演奏家として著名なマルセル・モイーズが使用していたことで知られているが、モイーズが使用していたモデルとも異なる独特のタイプといえる。音色は頭部管の影響もあるのかも知れないが、オールド・フレンチのフルートの音色とは異なり、ドイツ製やもっと後の時代のような音色の印象を受けた。クエノン社のフルートには、ルイ・ロットの要素を引き継いだオールド・フレンチのスタイルの楽器も存在していたが、一方で、モイーズが愛用

写真 2-30　ルブレ（LEBRET）のフルート
出所：筆者所蔵楽器。2019年6月撮影。

写真 2-31　ルブレ（LEBRET）の刻印とキーカップ
出所：筆者所蔵楽器。2019年6月撮影。

していたフルートのように、何らかのオーダーに応じたフルートも世に多く出している。

　前の写真 2-29 は、上から Couesnon（クエノン）、Henri Selmer（アンリ・セルマー）、Louis Lot（ルイ・ロット）のフルートを並べたものである。この中ではルイ・ロットが 1889 年製で最も古いモデルである。ルイ・ロットのフルートがフレンチ・オールドの典型的スタイルであるといえ、小さい楕円形の唄口や小ぶりなキーカップ、D# レバーのティアドロップの形状など、特徴を取り揃えている。アンリ・セルマーはフレンチ・オールドの要素を残したモデルであるが、クエノンにおいてはキーメカニズムの形状等はフレンチ・フルートの本家といえるルイ・ロットとは異なっている。1800 年代後期から 1900 年代前期にかけてのフレンチ・フルートであるが、発展途上の段階でもあったことから、各メーカー独自の個性とイノベーションが楽器に表れているものといえよう。

　写真 2-30 は、L. L. LEBRET（ルブレ）のフルートである。ルブレはルイ・ロットの工房出身といわれ、フレンチ・フルートにおいてはルイ・ロッ

トやボンヴィルと並んで一角をなし、オールド楽器の市場で見かけることの多いメーカーである。洋銀（マイショー）製に銀メッキがかけられているが、製番が500番台と古く1800年代後期の製造と推定でき、ロゴマークの刻印も後の時代の楽器とは異なっている。ソルダードのトーンホールであり、製番が古いことから巻き管製のようであるが、銀メッキによって明確な継ぎ目は確認できない。頭部管の唄口は小ぶりな楕円形であり、この時代のフルートをよく表している。一方で、D#レバー（Esキー）は「ティアドロップ」の形状ではなく、長方形に近いが全体に中央が盛り上がったラウンドな形となっている。全体的なイメージとしては、ルイ・ロットの流れを引き継いだフルートといえる。

　写真2-31はルブレの樽管の刻印部分と、キーメカニズムの拡大画像である。メーカーロゴの刻印については前にも述べたが、1000番台からの刻印とは異なり、文字も大きめで若干不揃いな印象がある。特徴的な部分は、直接指で押さえないキーについて、ルイ・ロット等の多くのフレンチ・フルートがポイントアームを採用しているのに比較して、ルブレではキートップを盛り上げ先端が尖った状態であり、支柱となるアームはない。その代わり、各キーとキーパイプとの接続部分に球体上のパーツを使用し、キーパイプとの接地面が強化されている。キーカップは全体に小ぶりであり、リングキーの部分はルイ・ロットと似ている。ルブレのこのキーのスタイルはアールヌーボー調の個性的なキーとして有名であるが、ポイントアームを使用したものと2種類が存在しているといわれている。

　次の写真2-32は、無銘のフルートを含めたその他のオールド・フレンチのフルートである。上のフルートは無銘であるが、フレンチ・オールドとして筆者が買い求めたフルートであり、洋銀（マイショー）製に銀メッキが施されており、D#レバーのティアドロップなどのキーの形状や全体のスタイルはフレンチ・フルートそのものである。下のフルートはG. MARCHIONI（マルチオーニ）のフルートであり、大きくParisの刻印が施されている。これも洋銀（マイショー）製に銀メッキが掛けられており、インラインリン

写真 2-32　その他のオールド・フレンチ・フルート
出所：いずれも筆者所蔵楽器。2019年6月撮影。

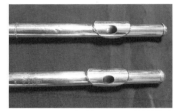 

写真 2-33　頭部管とキーメカニズム（フレンチ・フルート）
出所：いずれも筆者所蔵楽器。2019年6月撮影。

グキーのソルダード・トーンホールのモデルである。2本ともに状態があまりよくないため、残念ながら音出し演奏はできていない。しかしながら、まぎれもないフレンチ・フルートの系統であり、推定ではあるが、形状からそれぞれ1900年代初期までの製造モデルと考えられる。

　写真 2-33 は、2本の頭部管と無銘フレンチの足部管のキーメカニズムを拡大した画像である。頭部管唄口は、2本ともに楕円形の小ぶりなクラシカルな形状である。足部管の D# レバーは、いわゆる「ティアドロップ」の形であり、キーのポイントアーム部分などはルイ・ロットの形状を引き継いだ印象が強い。リングキー部分の形状は、ボンヴィルのリングキーの形状に近いように感じ、フレンチ・フルートの流れを意識するフルートである。

（2）ドイツのフルート

　写真 2-34 は、第二次大戦後の旧西ドイツを代表する「Johannes Hammig（ヨハネス・ハンミッヒ）」のフルートであり、製番は 500 番台という初期

第 2 章　フルートの歴史と発展　65

写真 2-34　ヨハネス・ハンミッヒ（ドイツ）
出所：筆者所蔵楽器。2019 年 5 月撮影。

写真 2-35　ヨハネス・ハンミッヒの刻印とトーンホール
出所：筆者所蔵楽器。2019 年 5 月撮影。

のモデルである。総銀製でカバードオフセットGキー、Eメカニズムの付いたソルダード・トーンホールの楽器であり、その後のヨハネス・ハンミッヒのフルートは引き上げのドローン・ホールが主体であることから、希少な楽器である。キーはカバードのジャーマンカップであるが、きれいにやすり掛けされており、薄いカップの角は山型のラウンドに仕上げられた美しいキーの並びである。

　写真 2-35 は、樽管に刻印されたヨハネス・ハンミッヒのメーカーロゴと、ソルダード・トーンホールの拡大写真である。メーカー名の刻印はその後の機械的な活字で整列した刻印とは異なり、斜字体で少し大きめの刻印がなされている。製作地は「Freiburg iBr」と刻印されており、後期の「LAHR/SCHW」に移転前のフライブルグ時代の地名となっている。メーカー名も後期では「JOH. HAMMIG」であるが、これは「Johannes Hammig」とフルネームの刻印である。

　C足部管であるが、ソルダード・トーンホールで重量感もあり、全体の重量は 460g である。ドイツ管によく見られる G-A トリルや Cis トリルなどは付いておらず、シンプルに E メカニズムのみの構造であるため、持った感じ

66 第 I 部

のバランスもよく重量感を感じさせない。キーカップが薄くドイツ管として
は小ぶりなため、キーの動きもスムーズでフィンガリングに問題は生じない。
音色は柔らかさの中に芯があり、ヘビーの厚い管体はよく響き音量感も申し
分ない楽器であり、ハンミッヒ一族である兄のヘルムート・ハンミッヒのフ
ルートに劣らない名器である。

　ヨハネス・ハンミッヒは、フルートやピッコロ製作で有名なドイツのハン
ミッヒ一族として著名であり、製作数の少なさもあって昨今の評価が非常に
高い兄のヘルムート・ハンミッヒと並び称されている。現在、ヨハネス・ハ
ンミッヒの工房は、孫のベルンハルトが工房を継いでおり、ベルンハルト・
ハンミッヒのブランド名に変わっている。一族のフィリップ・ハンミッヒや
A. R. ハンミッヒ（アウグスト・リヒャルト・ハンミッヒ）、ゲルハルト・ハ
ンミッヒも現在までブランド名が残っている[19]。

　写真 2 -36 は、ドイツの MOLLENHAUER（モーレンハウエル）社製造
の洋銀（ジャーマンシルバー）製のフルートである。モーレンハウエル社は
1822 年から木管楽器の製造を始めた歴史の古い伝統のあるドイツ（旧西ド
イツ）の管楽器メーカーであり、現在はリコーダー製造を専門としている。
日本においてもリコーダーで有名なメーカーとして馴染みがあり、愛好家や
管楽器業界の中では知名度の高い名前である。

　写真 2 -37 のように、樽管には「CONRAD MOLLENHAUER FULDA」
のメーカー名の刻印があり、製造地としてドイツの Fulda（フルダ）の地名
がある。ジャーマンカップのカバードキーであり、音孔は引き上げされカー
リングはなく切り立った状態である。トリルキーにはコルクが薄く貼られて
おり、管体にハンダ付けされた支柱によって押さえられる構造になっている。
頭部管のリッププレートは白い樹脂製で管にねじ止めされており、唄口の穴
は小ぶりであるが若干のウェイブが見られる。左手サムレストバーが付いて
おり、引き上げのカーリング処理もないことなどから比較的歴史のある楽器
と見られる。キーカップはヨハネス・ハンミッヒと比べると大づくりに感じ、
キーメカニズムは全体的に武骨で機械的なイメージがあり、典型的な前時代

第 2 章　フルートの歴史と発展　67

写真 2-36　モーレンハウエル（ドイツ）
出所：筆者所蔵楽器。2019 年 5 月撮影。

写真 2-37　モーレンハウエルの刻印とトーンホール
出所：筆者所蔵楽器。2019 年 5 月撮影。

のドイツ管フルートといえる。

　吹奏感はさほど悪くないが、リッププレートが樹脂製でポイントが絞られるためにコントロールがし易いとはいえない。樹脂製のリップではあるが、ダークで柔らかみのあるドイツ管の音色を備えた楽器である。

　次の写真 2-38 は、Philipp Hammig（フィリップ・ハンミッヒ）の総銀製のフルートである。カバードの引き上げ C 足部管であり、ドイツ製のフルートを象徴するように大づくりで武骨な機械的印象が強い。ハンミッヒは伝統のあるドイツのフルートメーカーであり、フィリップ・ハンミッヒは旧東ドイツ製であったが、古くから日本にも輸入され、特に木管フルートやピッコロで定評があった。銀製フルートも日本において普及しており、国内の中古楽器市場においてもピッコロとともによく見かけるブランドである。

　写真 2-39 の写真でフィリップ・ハンミッヒの樽管の刻印と、キーメカニズムを拡大している。大きい Gis レバーが特徴的であり、カバードキーのカップも大きめに見えるつくりである。G-A トリルのために、長いキーパイプが 1 本増えているが、キーポストが高めのために重心が偏っており、持った感じのバランスは決してよいとはいえない。純度 900 の総銀製でメカニズムの重量もあるため、全体に重量感はあるが、音色はまろやかで美しい響き

写真 2-38　フィリップ・ハンミッヒ（ドイツ）
出所：筆者所蔵楽器。2019 年 5 月撮影。

写真 2-39　フィリップ・ハンミッヒの刻印とキーメカニズム
出所：筆者所蔵楽器。2019 年 5 月撮影。

を有している。丸みを帯びた楕円形の唄口は、ほどよい抵抗感と響きを導き出しており、根強いドイツ管の人気の理由を感じるところである。

　ハンミッヒ一族は 240 年以上のフルート製作の伝統を持つフルートメーカーの系統であり、技術は親子の間で代々受け継がれてきた。6 代目のグスタフ・アドルフ・ハンミッヒの 2 人の息子であるアウグスト・リヒャルトとフィリップは、リッタース・ハウゼンにフルート製作を師事し、20 世紀の初めにはドイツのマルクノイキルヘンでそれぞれ工房を構えた。「August Richard Hammig（アウグスト・リヒャルト・ハンミッヒ）」と「Philipp Hammig（フィリップ・ハンミッヒ）」ブランドの誕生である。アウグスト・リヒャルトとフィリップの没後は、両ブランドはフィリップの息子であるゲルハルト・ハンミッヒが引き継ぎ、1995 年にゲルハルト逝去の後は 4 人の子供たちがハンミッヒを継ぎ、現在もマルクノイキルヘンに工場がある。アウグスト・リヒャルト・ハンミッヒの 2 人の息子である、ヘルムート・ハンミッヒとヨハネス・ハンミッヒの系統とともに、フィリップ・ハンミッヒ系の旧東ドイツのブランドも、ハンミッヒ・ブランドの過去からの名声を支えているといえよう[20]。

第 2 章　フルートの歴史と発展　69

写真 2-40　ユーベル（Uebel）（ドイツ）
出所：筆者所蔵楽器。2019 年 5 月撮影。

写真 2-41　ユーベル（Uebel）の刻印と足部管接合部
出所：筆者所蔵楽器。2019 年 5 月撮影。

　写真 2-40 は旧東ドイツ時代の Uebel（ユーベル）製作のジャーマンシルバー製のフルートである。旧東ドイツ時代の楽器でもあり、金属の正確な素材は確かでないが、音色はダークで独特な響きを持っている。カバードキーのカップは厚みのあるしっかりとしたつくりであり、キーの上から押さえる構造の E メカニズムが付いている。サムレストバーが付いた構造であり、前のモーレンハウエルと同様である。樽管の刻印にはメーカー名と地名が刻印されており、花のような図案のロゴマークが刻まれている。特徴的であるのは、足部管との接続部分である胴部管部分であり、長い接続管のために D# キーのトーンホールと重なる部分に穴が開けられている。この構造はユーベルに特徴的であり、ケースへの収納では代替ケースが使えない不便さがある。
　エーラー式クラリネットに功績を残した名工フリードリッヒ・アルトゥール・ユーベルの技術は、その息子ルドルフ・ユーベルに引き継がれ、クラリネットでは有名なメーカーである。アルミニウム合金のフルートを製作するなど、ルドルフ・ユーベルのフルート製作は意欲的である。日本に輸入されたフルートは少なく、国内市場では稀に見かける程度である。
　次の写真 2-42 はドイツ・フルートの 4 本を並べて比較した写真であり、写真 2-43 はその頭部管部分の拡大写真である。上から、モーレンハウエル、

70　第Ⅰ部

写真2-42　ドイツ・フルートの比較
出所：筆者所蔵楽器。いずれも2019年5月撮影。

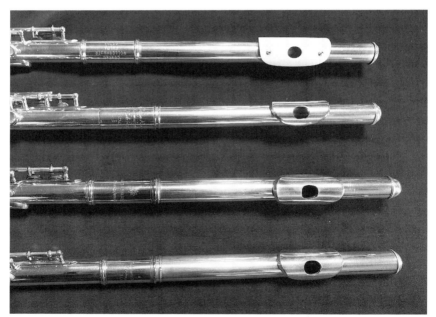

写真2-43　ドイツ・フルートの頭部管比較
出所：いずれも筆者所蔵楽器。2019年5月撮影。

第 2 章　フルートの歴史と発展　71

写真 2-44　ランポーネ（Rampone）（イタリア）のフルート
出所：筆者所蔵楽器。2019 年 5 月撮影。

写真 2-45　ランポーネ（Rampone）の刻印とキーの形状
出所：筆者所蔵楽器。2019 年 5 月撮影。

フィリップ・ハンミッヒ、ユーベル、ヨハネス・ハンミッヒの並びである。4 本ともにカバードのジャーマンカップキーのスタイルであり、いずれも大きめの Gis レバーに特徴がある。一番上のモーレンハウエル以外は C# ローラーと D# ローラーが付いており、E メカニズムと同様にドイツ製フルートでは標準装備されていることが多い。一番下のヨハネス・ハンミッヒが最も華奢に見えるほど、全体的に大づくりでしっかりとしたメカニズムの構造である。

　頭部管を比較すると、唄口はそれぞれ楕円形で丸みを帯びており、モーレンハウエルの樹脂製を除き、リッププレートの手前は唇に合わせて若干ラウンドし、反対側の息の通る側も折り曲げなどはなく、標準的な角度がとられている。唄口の穴のオーバーカットやアンダーカットの削りは少なく、適度な抵抗感からの響きが重視されているようである。各頭部管は樹脂製リップのモーレンハウエル以外は短めで、頭部管のテーパーの絞りは単一で若干きつめかも知れない。

　写真 2-44 は、イタリアの Rampone（ランポーネ）製のフルートであり、ドイツ製フルートに近いカバードオフセット G キーであるが、キーの形状や

調整ネジの位置などアメリカのヘインズ社のフルートに似ている。洋銀に銀メッキが施されており、唄口のホールも小さめで軽い吹奏感である。

写真 2 -45 は樽管に刻印されたメーカーロゴであり、「RAMPONE MILANO」の刻印は鋸歯状の線で描画されている。メカニズムの拡大写真では、キーポストが円柱形であり、台座の端はキーポストの位置で短くカットされている。イタリア製のフルートを見かけることは少ないが、日本の中古市場でたまに見かけるのが、ランポーネ社の数十年前の製造と思われる楽器である。ランポーネ社は、現在は Rampone & Cazzani（ランポーネ・アンド・カッツァーニ）社としてサックス製造で有名であり、日本市場においても同社のサックスが輸入されている。現在はフルートメーカーとしては認識されておらず、フルート製造の詳細については確認できていない。

（3）アメリカのフルート

写真 2 -46 はアメリカを代表する Haynes（ヘインズ）社のフルートであり、1920 年製造の製番 5000 番台の総銀製レギュラーモデルである。初期のモデルであり、ヘインズ社が木管フルートを並行して製作していた時期でもあり、キーの形状は同社の木管フルートと共通する部分も多い。カバードキーのオフセット G、トーンホールは引き上げでカーリングのない時期である。重量は 430 g であり、この後の時期のヘビー管よりも 10 g 程度だが重量は軽い。

写真 2 -47 は、樽管に刻印されたメーカーロゴと、管体に直付けされたキーポストの拡大写真である。メーカーのロゴは後の時期のものとは若干デザインが異なっているが、刻印されている内容は同一である。キーポストはこの数年後のモデルから台座（座金）が管体にハンダ付けされ、その上にキーポストが立つスタイルに変更されている。キーポストが管体に直付けされていたのは初期のモデルとなる。

写真 2 -48 は、同じく 5000 番台のトーンホールと足部管のキーメカニズムの拡大写真である。トーンホールは引き上げであるが、引き上げられた先

写真 2-46　ヘインズ（USA）のフルート（初期の5000番台）
出所：筆者所蔵楽器。2019年5月撮影。

写真 2-47　ヘインズ（5000番台）のロゴ刻印とキーポスト
出所：筆者所蔵楽器。2019年5月撮影。

写真 2-48　ヘインズ（5000番台）のトーンホールとキー形状
出所：筆者所蔵楽器。2019年5月撮影。

端部分のカーリングは施されておらず、そのまま鋭く切り立った形状となっている。当時は引き上げによるトーンホールの加工が始まって年数が経っておらず、カーリングの技術はまだ導入されていなかったものと推察できる。引き上げのトーンホールは、ヘインズ社が先駆者でもある。

　足部管のキーメカニズムで顕著なのは、D#レバー（Esキー）であり、フランスのオールド楽器のようなティアドロップの形に近い丸みをもたせている。また、C#とCを押さえるキーがクロスしているところも興味深い。

　この5000番台のヘインズフルートは、独特の音色と響きの空気感を持ち合わせており、決して大音量ではないが、オールド・フレンチのような響きと空気感がある。息を入れると頭の上で心地よく甘い音色で響き、ヘインズ

の響きを感じられる逸品である。

　ヘインズ社は、1888年、ウイリアム・ヘインズによってアメリカ・ボストンに設立され、その後はボストンの地がアメリカのフルート製造の拠点となっていく。ヘインズフルートの技術者であった V. Q. Powell（パウエル）は、1927年、同じボストンにパウエル・フルート社を設立した。それ以降、ヘインズ社とパウエル社は世界的なブランドとして現在まで存続している。その後、パウエル社から数々のフルート製作者が独立し、アルメーダ、ランデール、グースマン、ブランネン、シェリダン、バーカート、ナガハラなどのフルートメーカーが生まれている。「一人の製作者が一本のフルートを作り上げる」というハンドメイド・スタイルがボストンのフルート製造の伝統であるといわれており、独立し名を成した製作者が多いのもこの伝統を背景にしたものといえよう。

　写真2–49は、Haynes（ヘインズ）による1948年製造の製番19000番台の総銀製レギュラーモデルである。前の5000番台のフルートに比べてピッチは高くなり（440Hz）、管厚0.018インチ（約0.46mm）のヘビー管のため全体の重量は437gであり若干重くなっている。

　写真2–50は、ヘインズ（19000番台）のロゴ刻印とキーポストを拡大した写真である。メーカーのロゴは前に紹介した5000番台のヘインズとは若干異なり、斜字のデザインが強調され少し大きめの文字に感じる。また、キーポストの下には台座（座金）があり、5000番台のキーポストに見られた管体直付けとは違い、台座が管体にハンダ付けされたその上にポストが立てられている。

　初期の5000番台は、フレンチ・フルートの伝統を残した音色への独特の空気感があったのに対して、この19000番台のヘインズフルートは、現代に通じるアメリカのフルートを感じる音色であり、厚い管から発せられる音は温かみがあって音量も確保された明るめの音である。

　また、写真2–51で示すように、トーンホールは引き上げされた後に先端部が外側にカーリングされ、パッドとの接地面がラウンドとなったことから

第 2 章　フルートの歴史と発展　75

写真 2-49　ヘインズ（USA）のフルート（19000番台）
出所：筆者所蔵楽器。2019年 5 月撮影。

写真 2-50　ヘインズ（19000番台）のロゴ刻印とキーポスト
出所：筆者所蔵楽器。2019年 5 月撮影。

写真 2-51　ヘインズ（19000番台）のトーンホールとキー形状
出所：筆者所蔵楽器。2019年 5 月撮影。

パッドも傷つかず、トーンホール自体の耐久性も改善されている。このパッドとトーンホールの関係も耐久性ばかりでなく、音色への影響も十分に考えられるものである。初期のトーンホール引き上げの加工技術では、先端をカーリングする技術までには至っていなかったが、この少し前の時代からトーンホールのカーリングという新たな技術革新が行われたものである。

　同じく写真 2-51 の右側の写真では、裏側のキーメカニズムを拡大しているが、現在のフルートのメカニズムと同様のスタイルとなっており、この時代から現代フルートの完成形に近づいてきたものといえる。

　次の写真 2-52 は、ヘインズ社による1957年製造の製番26000番台の総

写真 2-52　ヘインズ（USA）のフルート（26000番台）
出所：筆者所蔵楽器。2019年5月撮影。

写真 2-53　ヘインズ（26000番台）の刻印とトーンホール
出所：筆者所蔵楽器。2019年5月撮影。

銀製レギュラーモデルである。フルートの愛好者の中では、この時代のフルートを「オールド・ヘインズ」と呼んで好まれており、この製番前後はヘインズの黄金期と称されることもある。重量は442gで管厚0.018インチのヘビー管であり、持った感じは前の19000番台のフルートよりわずかであるが重厚さを感じる。音色的には19000番台の流れをくんだフルートであり、甘く温もりのあるヘインズのレギュラー・ヘビー管モデルの独特の音がする。

写真2-53のように、樽管のメーカーロゴは19000番台と変化はなく、トーンホールの引き上げカーリング処理もほぼ同一である。その他のキーメカニズムにも大きな変化は感じられず、基本的な構造はヘインズとして完成に近づいた時期と考えられる。このレギュラーモデルは、本来はハンドメイドモデルとの比較では量産モデルの位置づけかも知れないが、他社の洋銀製や管体銀製の低価格の量産モデルとは一線を画し、総銀製でヘビー管を使用したヘインズ独自の別コンセプトで生産されていたものと考える。

写真2-54は、ヘインズフルートの1968年製造による製番36000番台の総銀製レギュラーモデルの写真である。楽器の総重量は439gであり、管厚

第 2 章　フルートの歴史と発展　77

写真 2-54　ヘインズ（USA）のフルート（36000番台）
出所：筆者所蔵楽器。2019年5月撮影。

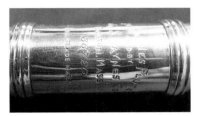

写真 2-55　ヘインズ（36000番台）の刻印とキーメカニズム
出所：筆者所蔵楽器。2019年5月撮影。

が 0.018 インチのヘビー管として、19000 番台、26000 番台と同水準の重さである。音色は頭部管の唄口やリッププレートの若干の変化かも知れないが、甘い音色に加えて音の通りの良い吹奏感がする楽器である。ハンドメイドのスタイルではないが、音孔引き上げのモデルとしてつくりも完成度が高く、よく響く楽器の印象であった。時代によって頭部管の唄口の形状は少しずつ異なり、穴の大きさやカットは各時代の求める音色の違いともいえる。

　1960 年代のヘインズはメーカーの円熟期を迎えており、アメリカのフルートの代表格としてパウエル社と並び世界の高級フルート市場を席捲していた時期でもあった。ヘインズ社の黄金期ともいえ、著名なフランスの演奏家であるジャン・ピエール・ランパルの使用によってヘインズフルートは広く知られ、1960 年代は技術力やブランドの評価も絶頂期にあったものといえる。

　上の写真 2-55 は、樽管のメーカーロゴの刻印部分と足部管のメカニズムの拡大写真である。メーカーロゴは大きく変化はないが、足部管の D# キーレバーはラウンドを帯びた伝統的な形である。現在のメカニズムとほぼ同様であり、キーの形状等もヘインズ・レギュラーモデルとして完成形となった

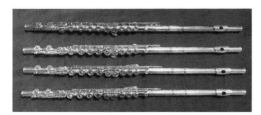 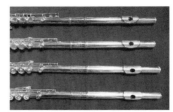

写真 2-56　ヘインズ・レギュラーモデルの年代比較
出所：いずれも筆者所蔵楽器。2019 年 5 月撮影。

1960 年代後期の最盛期モデルといえる。

　写真 2-56 は、ヘインズフルートのレギュラーモデルを上から年代順に並べたものである。一番上が 5000 番台の 1920 年製造のモデル、次が 19000 番台の 1948 年製造のモデル、その下が 26000 番台の 1957 年製造のモデル、一番下が 36000 番台の 1968 年製造のレギュラーモデルのカバードC足部管タイプである。キーの形状を見ると、初期の 5000 番台には足部管 D# レバーやキーポストなどに特徴があるが、19000 番台以降の 3 本のキーメカニズムや基本的な構造に大きな変化は見られない。頭部管については、5000 番台にリングがはめ込まれているが、以降のモデルにはリングはない。唄口のカットは、5000 番台と 19000 番台の唄口の穴が上下に広めに見えるが、26000 番台のフルートでは横長の楕円形のカットである。年数を経た楽器でもあり、製造後に幾度か手が加えられた可能性もあるので一概にいえないが、1960 年前後のヘインズの頭部管については同じようなカットをよく見かけることから、1960 年当時の標準モデルであった可能性が高い。

　レギュラーモデルの厚いヘビー管（管厚 0.018 インチ）から出る音色は、表現が適当かわからないが、奏者の息を吸い込むように部屋中によく音がとおり甘い響きがする。私見ではあるが、録音した場合には特に楽器のよさを感じ、録音でもその音色と雰囲気が伝わってくる不思議な楽器である。ハンドメイドでもなくカバードキーの変哲もないヘインズのレギュラーモデルが、現在でもなお多くのフルート愛好者に支持され、市場で流通し続ける理由で

第 2 章　フルートの歴史と発展　79

写真 2-57　ヘインズ・ハンドメイドモデル（42000番台）
出所：筆者所蔵楽器。2019年5月撮影。

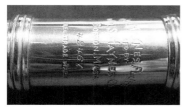 

写真 2-58　ヘインズ・ハンドメイドの刻印とトーンホール
出所：筆者所蔵楽器。2019年5月撮影。

はなかろうか。

　写真 2-57 はヘインズの総銀製ハンドメイドモデルであり、インラインリングキーのH足部管[21]モデルで管体は薄い管厚となり、製番は 42000 番台の 1976 年製造である。H足部管でトーンホールのハンダ付けやポイントアームが重量に加わっているが、重量としては 438 g と前出のレギュラー・ヘビー管のC足部管と変わらない。管厚は薄いがトーンホールは全てハンダ付け（写真 2-58）されており、各キーにポイントアームの補強が施されたハンドメイドのスタイルである。同じヘインズであっても音色はレギュラーモデルのヘビー管とは異なり、薄い管厚からの響きは独特なものがある。ヘビー管より乾いた音の印象もあるが、しっとりとしたヘインズ特有の音色を維持している。このフルートは 1976 年製造で比較的後期のモデルでありH足部管であるが、以前に筆者が所有していた 33000 番台や 18000 番台のC足部管では、さらにヘインズのハンドメイドモデルの特徴が出ていた。

　平成時代の初頭からしばらくの間、フルートの愛好者がルイ・ロットやボンヴィルなどの古いフレンチ・フルートや、オールド・ヘインズとして 1950 年頃から 1960 年代のヘインズフルートを買い漁っていた時期があった。

写真 2-59　キング（KING）（USA）のフルート
出所：筆者所蔵楽器。2019年5月撮影。

写真 2-60　キング（KING）フルートの刻印とトーンホール
出所：筆者所蔵楽器。2019年5月撮影。

　フルートバブルともいえる時代であり、多くの欧米のオールド・フルートが日本に持ち込まれ、価格も高騰していた。その時代にオールド・ヘインズという言葉が認識され、当時の日本製のモダンフルートとは違った音色や趣向のフルートとして珍重されていた。単純に骨董的価値をフルート愛好者が求めていたわけではなく、プロやアマチュアであることを問わず、フルートの原点に戻った音や回顧的な音色にオールド・フルートのブームが生じたものといえよう。今でも、ドイツ管の名器とされるヘルムート・ハンミッヒや初代のルイ・ロットなどは数量が少ないために、市場での流通も限られている。オールド・フルートのブームの最盛期が過ぎた現在も、原型を維持し状態のよい楽器は高値で取引されているようである。ヘインズについては市場での価格も落ち着いているようであり、楽器市場でも各年代のヘインズのフルートを以前より安価で入手できるようになった。しかしながら、楽器としての評価が高く状態のよいヘインズは、比較的高めの価格で維持されている。

　写真 2-59 は、アメリカの KING（キング）社のフルートである。洋銀製の銀メッキが施されたカバードキーのモデルであり、キーの形状はヘインズのレギュラーモデルに似ているが、写真 2-60 のようにトーンホールはハン

第 2 章　フルートの歴史と発展　81

写真 2-61　コーン C. G. Conn（USA）のフルート
出所：筆者所蔵楽器。2019 年 5 月撮影。

写真 2-62　コーン C. G. Conn のトーンホールとキーメカニズム
出所：筆者所蔵楽器。2019 年 5 月撮影。

ダ付けのモデルである。洋銀製のカバードキーで、入門用やスクールモデルと考えられるが、トーンホールをハンダ付けのハンドメイド仕様にしているところが珍しい。

　キングの創業者は、ヘンダーソン N. ホワイトであり、トロンボーン奏者のトーマス・キングとともに新しいトロンボーンの設計に携わり、「キング」トロンボーンと命名された。KING（キング）のブランドは金管楽器全般にアメリカで認知され、ホワイトが亡くなる 1940 年までに多くの楽器が生み出されている[22]。KING のブランドは、現在はアメリカの総合楽器メーカーであるコーン・セルマー（Conn-Selmer, Inc.）の傘下となってブランドが継続している。KING（キング）のフルートは、コーン・セルマーグループの傘下となる以前に製造されていたが、金管楽器の製造が中心であったためか、

写真 2-63 アームストロング Heritage モデル（USA）のフルート
出所：筆者所蔵楽器。2019年5月撮影。

キング社製のフルートを楽器市場で見かけることは少ない。

写真 2-61 は、C.G. Conn（コーン）社の総銀製フルートである。カバードキーでC足部管のモデルであり、キーメカニズムの形状はヘインズのレギュラーモデルに似ている。樽管のメーカーロゴの刻印には、インディアナ州エルクハートの地名と銀製を示す STERLING が刻まれている。

写真 2-62 のように、トーンホールは引き上げであるが、引き上げられた先端部分はカーリング処理がなされておらず、やすりのみが掛けられた切り立った状態のままである。裏側のキーメカニズムの写真があるが、ブリチアルディキーのキーパイプの台座部分が管体に水平にハンダ付けされており、ヘインズなどの管体への垂直のハンダ付けとは異なっている。これは、エルクハート出身のフルートメーカーに特徴的な傾向である。

C.G. Conn 社の創始者であるインディアナ州エルクハートのチャールズ・ジェラルド・コーンは、1875 年にアメリカでは初めてとなるコルネットを製作した。その後、金管楽器を中心にアメリカを代表する楽器メーカーとなった。エルクハートでは金管楽器を中心に各メーカーが誕生しており、フルート製造においても東のボストンにおけるヘインズ社、パウエル社と並び、エルクハート出身のメーカーが多く生まれている。

写真 2-63 は、アームストロング社の Heritage（ヘリテージ）ブランドの総銀製フルートである。インラインリングキーのC足部管で、トーンホールは引き上げであり、総銀製ではあるが全体の重量は 417g と比較的軽い。ヘインズと比べて管厚は薄く 0.016 インチ以下の管体である。

アームストロング社は、前出のコーン社と同じエルクハートの総合管楽器

写真2-64　アームストロング Heritage と Omega の刻印
出所：筆者所蔵楽器。2019年5月撮影。

メーカーであった。エルクハートには、他にも BACH（バック）や KING（キング）、Artley（アートレイ）、Gemeinhardt（ゲマインハート）などの管楽器メーカーが古くから存在しており、その中でもアームストロング社はフルートの研究に注力をしていたことで知られており、アームストロングからは数々の評価の高いフルートが世に出ている。アームストロング出身の製作者ではジャック・ムーアやトム・グリーン、ウィンバリーなどが著名であり、ボストン系の工房がハンドメイドのソルダード・トーンホールが主流であるのに対し、エルクハート系は引き上げドローン・トーンホールがほとんどである。エルクハート系のフルートは、明るい開放的な音色が特徴といえ、アームストロングもその傾向がある。

　写真2-64は、アームストロング社の Heritage（ヘリテージ）モデルと Omega（オメガ）モデルの樽管の刻印である。ヘリテージ・モデルについては管に垂直に刻印されているが、オメガ・モデルは管体に水平（横）に刻印がある。いずれもブランド名を表面に出して、アームストロングのメーカー名は「by Armstrong」のような記載方法である。この時代のアメリカの楽器においてブランド名を表に出したフルートは珍しく、ボストン系のヘインズやパウエルのように、どちらかというとメーカー名自体がブランドであり「コーポレートブランド」による販売が主流である。現在は、アメリカの管楽器メーカー各社が M&A によって統合され、その多くがコーン・セルマー社の傘下ブランドとして存在しているため、実態として製品別のブラン

写真 2-65　アームストロング Omega モデルのフルート
出所：筆者所蔵楽器。2019 年 5 月撮影。

写真 2-66　セルマー Selmer（USA）のフルート
出所：筆者所蔵楽器。2019 年 5 月撮影。

ド展開となっているが、当時としては稀な手法であるかも知れない。

　上の写真 2-65 は、アームストロングの廉価モデルの「Omega（オメガ）」ブランドのフルートである。洋銀製に銀メッキが施されており、カバードキーのC足部管で一般的な入門モデルといえる。アームストロングには、この他にも「Emeritus（エメリタス）」などのブランドが存在していた。

　写真 2-66 はアメリカの Selmer（セルマー）社の総銀製フルートである。ヘインズのレギュラーモデルに似たスタイルのカバードキーのC足部管、引き上げトーンホールのモデルであるが、管厚は 0.018 インチのヘビー管と見られ、キーメカニズムも含めて全体で 475 g と重量感がある。エルクハートの地名が刻印されており、写真のブリチアルディキー周辺のキーメカニズムでは、エルクハート系の特徴であるように台座が水平にハンダ付けされてい

第 2 章　フルートの歴史と発展　85

写真 2-67　ウィンバリー Wimberly（USA）のフルート
出所：筆者所蔵楽器。2019 年 5 月撮影。

る。

　アメリカ・セルマーは、フランスのアンリ・セルマーが 1918 年にアメリカでの会社の経営権を従業員であったジョージ・バンディ（George Bundy）に託して、フルートの製造を始めることになった。セルマー・フルートの設計のためにヘインズ社のウイリアム・ヘインズの兄弟であるジョージ・ヘインズ（George W. Haynes）を雇い入れ、さらにゲマインハルト（Kurt Gemeinhardt）がセルマーのフルート設計に携わった。当初はボストンでフルート製造を行っていたが、1920 年代までにエルクハートに工場を移転している。1928 年頃に、バンディはフランスのセルマー社からアメリカでの経営権を買い取り、セルマー USA はフランスのセルマー社から経営上は独立した。その後も製品の代理店関係は残り、フランスのセルマー・パリはプロ向け高級品の生産に集中し、アメリカのセルマー社は学生やアマチュアの演奏家向けの低価格な量産品の製造に集中している。アメリカにおけるセルマー製のサックスなどは、一般的に「アメセル」の愛称で呼ばれることもある。

　写真 2-67 は、Wimberly（ウィンバリー）の総銀製ハンドメイドタイプのフルートである。インラインリングキーの C 足部管で、引き上げのトーンホールであるがキーにはポイントアームが施されており、ハンドメイド仕様の楽器である。管厚は 0.015 から 0.016 インチと推定され、総重量は 420 g

写真 2 -68　アートレイ・ウィルキンズモデル（USA）
出所：筆者所蔵楽器。2019 年 5 月撮影。

程度であり、引き上げのＣ足部管としては標準的な重量感である。製番が初期のもので、樽管の刻印にはエルクハートの地名が刻印されていることから、工房独立後の初期のモデルであると推定できる。

　ウィンバリーは、ジャック・ムーアと同様にアームストロングの技術者出身であり、楽器はアームストロング系のフルートの特徴を有している。ブリチアルディキーのキーポストの台座は、エルクハート系の特徴として水平にハンダ付けされており、トーンホールはハンダ付けでなく引き上げである。ウィンバリーは、現在は工房をカナダの Nova Scotia に移しており、頭部管の製作などでも定評があるメーカーである。

　ウィンバリーのフルートは、頭部管のカットは息が入り易い印象であり、アメリカン・サウンドともいえる明るい音色でよく鳴るイメージが強い。

　写真 2 -68 は、Artley（アートレイ）社の Wilkins（ウィルキンズ）モデルであり、総銀製のインラインリングキーのＣ足部管でトーンホールは引き上げのモデルである。総銀製であるが総重量は 427ｇであり、Ｃ足部管としてはヘインズのレギュラーモデルに近い標準的な重量感である。アートレイのフルートは普及品のスクールモデルをよく見かけるが、このウィルキンズモデルは、上級者に向けた本格的な総銀製フルートであり、廉価なアートレイのモデルとは違ってつくりもしっかりしており、仕上げもきれいである。通常の普及モデルとは異なり購入層を高いレベルに設定したと考えられ、細

第 2 章　フルートの歴史と発展　87

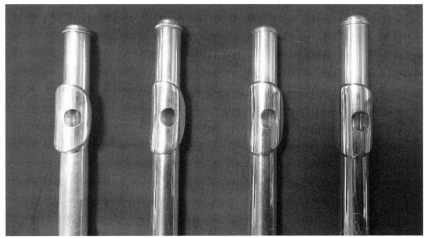

写真 2-69　60-70年代のアメリカのフルート比較（全体・頭部管）
出所：いずれも筆者所蔵楽器。2019年 5 月撮影。

部にわたってメーカーの思い入れがわかる楽器である。

　この楽器の実際の吹奏感としては、頭部管の吹くポイントが比較的狭いようであり、管体を響かすために息の当たるポイントを探すことになる。しかしながら、一旦ポイントに当てることができると管がよく響いて鳴る楽器である。楽器のボディ自体のできはよいが、頭部管としては扱いにくい部類かも知れない。

Artley（アートレイ）社は、アームストロング等に代表されるエルクハート系のフルートメーカーである。音色としては、ヘインズやパウエルのアメリカ的な音とも違い、ドイツ・フルートやフレンチ・オールドの傾向とも異なり、独特な音色の傾向を感じる楽器でもある。

写真2-69は、アメリカのエルクハート系のフルートを並べたものであり、一番上から KING（キング）の洋銀フルート、その下が C. G. Conn（コーン）の総銀製フルート、次がアームストロングの Heritage（ヘリテージ）モデルの総銀製、一番下が Wimberly（ウィンバリー）の総銀製ハンドメイドのフルートである。四本の頭部管を比較すると、唄口のカットがヘインズとは異なり、楕円形ではあるが様々な吹き口の形であることがわかるであろう。

（4）日本のフルート（黎明期を中心に）

日本のフルート製造の歴史は、1924年に村松孝一による国産第1号のフルートの完成から始まった。村松孝一は1898年東京に生まれ、1917年に陸軍戸山学校に入隊しコルネットの演奏を担当したが、やがて演奏家ではなく楽器製作の道を志し、軍楽隊の楽器の修理を手がけることになる。1923年に陸軍を除隊後にフルートの製作を開始し、完成までに千時間を要して翌年の1924年に第1号が完成したが、当時はフルートが商品化されるまでは相当の時間を要した。当時の日本のフルート人口は軍楽隊を除くとプロ・アマ合わせて20名程度の時代であり、村松孝一による2本目のフルートは1931年まで年数がかかったようである。1937年頃からは軍楽隊の需要もあってニッカン（日本管楽器製造）からのフルート製作協力の依頼があり、その後1940年頃からは職人数も10名程度となり、月産70〜80本の本格的な生産が始まる。ムラマツフルートは戦時中の物資の乏しい中でも製造を続け、戦後には1951年頃からプリマ楽器（大橋次郎商店）との販売契約が始まり、「プリマ・ムラマツ」ブランドで売り上げを伸ばし規模を拡大した。1956年には製作本数1万本を達成し記念パーティを開催するほどにまで成長し、

第2章　フルートの歴史と発展　89

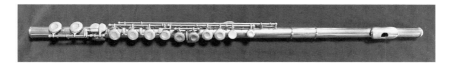

写真2-70　プリマ・ムラマツ（日本）のフルート
出所：筆者所蔵楽器。2019年5月撮影。

ムラマツフルートは日本を代表するフルートメーカーとして注目された[23]。

そのような歴史を経て、ムラマツフルートは現在も名実ともに日本を代表する世界的なフルートメーカーでありブランドである。戦後の混乱期に生産体制を確立し、短期間でフルートの量産化と品質の維持に成功したといえる。

写真2-70は、ムラマツフルートがプリマ楽器との販売契約のもと、「プリマ・ムラマツ」ブランドで販売していた頃のフルートである。樽管部分に「PRIMA」の刻印があり、モデル名は No.71、「MFD. BY MURAMATSU LTD」とニードルのようなもので線彫りされているが、決してきれいな刻印ではなく歪みも見られる。洋銀製であるが銀メッキはかかっておらず、くすんだ金属色と独特の金属臭がする楽器である。トーンホールは引き上げであるが、先端はカーリング処理をされておらず、加工なしのそのままである。

製番が見当たらないため、ブランド名の刻印から1950年代後半から1960年代前半の製造と推定できるが、当時のアメリカのヘインズフルートではすでにトーンホール引き上げ後のカーリング処理がなされており、まだ発展途上であったのかも知れない。しかしながら、当時の輸入品フルートは高額であり日本での入手も難しかった。ヘインズフルートなどは高嶺の花の存在であったといわれ、留学した演奏家がドイツのフルートやアメリカのフルートを買い求めて日本に持ち込んでいた程度であった。楽器としての機能を備え

写真 2-71　古い日本製（刻印なし）のフルート
出所：筆者所蔵楽器。2019年5月撮影。

てあらゆる演奏に耐えうることが重要であり、それを国産フルートとして量産化し容易に入手できるようになったことは画期的であったといえる。

　ムラマツフルートはPRIMAブランドを冠したモデルとともに、プリマ楽器以外の楽器店を経由する販売ルートがあり、単に「MURAMATSU」ブランドの楽器も製造販売していた。プリマ楽器との契約は1965年頃まで継続しており、その間にPRIMAブランドのムラマツフルートが併存していたことになる。ムラマツとの契約が終わってからのプリマ楽器は、新たに三響フルートをPRIMAブランドとして現在に至っている。同じようにプリマ楽器では、サックスの柳澤管楽器との販売契約による「PRIMA YANAGISAWA」や、フルートの小竹管楽器製作所のコタケフルートがPRIMAブランドを冠しており、販売代理店の社名をブランド名としているケースである。

　写真2-71は、ブランド名の刻印はどこにもないが、ムラマツ製といわれている国産のフルートである。確証がないため、ムラマツ製とは断言しないが、国産としては完成度の高い楽器である。洋銀製でメッキは見られないが、頭部管は銀製である。頭部管のリッププレートは手前の唇が当たる部分が大きく湾曲し、唄口はサイドカットのない丸に近い楕円形である。

　前述のPRIMAブランドのムラマツや、この古い無銘のフルートの演奏面について述べると、決して音が出し易い楽器ではなく、息の当たるポイント

第2章　フルートの歴史と発展　91

写真 2-72　ナカムラ「LIGHTMAN」フルート
出所：筆者所蔵楽器。2019年5月撮影。

を探すのが難しい頭部管である。音色についてはよく鳴るという印象ではなく、現代の吹き易いフルートに慣れてしまうとコントロール次第ではあるが難しい楽器である。現在のムラマツとも音色や操作性の印象は異なるが、当時としては国産の最先端の楽器であったと考えられる。

　写真 2-72 は、ナカムラフルートの洋銀製カバードキーのC足部管フルートである。「LIGHTMAN」のブランド名が刻印されており、銀メッキ等がなく、管体全般としてくすんだ金属の色である。これも日本のフルートの発展期のメーカーであり、1969 年の楽器店のカタログによれば、ライトマンのフルートの定価は 24,000 円で販売されていた。

　「LIGHTMAN（ライトマン）」のフルートは 1960 年代に製造・販売されていたものであり、機械的なキーメカニズムの印象が強く、きれいなつくりのフルートとはいい難い。トーンホールは引き上げでカーリングもなく切り

写真 2-73　タネフルート
出所：筆者所蔵楽器。2019年 5 月撮影。

立った状態であり、当時のアメリカやドイツの製造技術と比較すれば、まだ発展段階で改良の余地も残されたフルートといえる。頭部管のリッププレートを拡大しているが、唄口は楕円にくり抜かれただけのイメージで、サイドカットやアンダーカットの現代的な処理は施されていない。1960 年代には他にもサイトウフルートの「メルヘン」ブランドや、ニッカン（日本管楽器製造）のフルートが販売されており、1969 年当時の楽器販売店のカタログを見ると洋銀製は 21,000 円から 23,000 円が販売価格の相場であった。当時の物価水準との比較で現在が当時の 4 倍程度とすると、洋銀製としては妥当な価格帯で決して高くない価格水準であったことが推察できる。

　写真 2-73 は、タネフルートの頭部管銀モデルのフルートである。若干時代が後であることも関係するが、前出のムラマツやライトマンのフルートに比べると現代的なスタイルであり、頭部管のリッププレートには彫刻も施されたきれいなフルートである。キーカップの形状は当時のカバードキーの標準的なスタイルであり、ヘインズやドイツ・フルートをまねたものと考えられる。樽管の刻印は「Tane's flute Laboratory」であり、正式名はタネフルート研究所であった。タネフルートの価格は、1969 年の楽器価格の資料によると銀製頭部管では 80,000 円程度の定価となっている。ムラマツの総銀

第 2 章　フルートの歴史と発展　93

写真 2-74　ニッカンフルート
出所：筆者所蔵楽器。2019 年 5 月撮影。

製スタンダードモデルがその当時で 107,000 円、総銀製ハンドメイド SR が 150,000 円であることを考えると、タネフルートの価格はムラマツ並みの値付けであったことがわかる。

　タネフルートの種子政司は、1932 年頃に村松孝一の最初の弟子としてムラマツフルートで働いていた。その後はムラマツフルートの下請けとして支えた時期もあり、完全な独立後にタネフルートとしてブランドが確立した。タネフルートには桜井フルートの創始者である桜井幸一郎が勤めており、タネフルートでの修行後に独立して工房を開いている[24]。タネフルートの業績も大きく、日本の黎明期のフルート業界を支えたメーカーの一つといえよう。

　写真 2-74 は、ニッカン（日本管楽器製造）のフルートであり、ニッカンブランドによる FL-23 モデルである。洋銀製でカバードキーの C 足部管、E メカニズムも付いたスクールモデルの量産品として広く使われた楽器である。1969 年の楽器価格の資料では洋銀製の FL23 は定価 23,000 円であり、当時の洋銀製フルートでは標準的な価格であった。当時の型番は FL-23 であるが、ヤマハ（日本楽器製造）に吸収合併後は、ヤマハブランドで「Y」を前に付けた YFL-23 として長らく流通した。入門用の普及モデルとして定評があり、後継モデルのヤマハ YFL-211 が出るまで、ロングセラーモデ

94　第Ⅰ部

ルとして多数の同型フルートが販売された。

　ニッカン（日本楽器製造）は、1892 年（明治 25 年）に江川仙太郎によっ
て前身の江川製作所が創業し、民間用の信号ラッパの製作を始めている。そ
の後、トランペットやコルネットなどの金管楽器の製作を始め、1918 年
（大正 7 年）には合資会社日本管楽器製作所として新たにスタートした。昭
和に入り戦争によって輸入品の扱いが制限され始めたことから、国産管楽器
製造の担い手として軍楽隊用の軍需品を中心に生産を拡大した。フルートの
注文も受けたが、フルート製造のノウハウはなかったことから、ムラマツフ
ルートの村松孝一に生産を委託し、ニッカンの浅草工場でフルート製造が始
まった。ムラマツフルートとの関係の下でスタートしたフルート製造であっ
たが、戦後はヘインズフルートのコピーから製品を開発するなど、ニッカン
は独自の製品を生み出していった。当時の黎明期のニッカンの出身者では、
オパール・ブランドの横山管楽器製作所（横山久雄）、中村フルート製作所
（中村久米男）、下請けであった斉藤フルート製作所（斉藤正太郎）がい
る[25]。

　ニッカンは終戦後 1950 年代に入って、東京都板橋区小豆沢町に大規模な
工場を作り、学校教材用の楽器を中心に生産を伸ばして国内最大の総合管楽
器メーカーに成長した。1937 年（昭和 12 年）に日本管楽器株式会社へ改組
したが、この時期からニッカンは当時の最大の取引先であった日本楽器製造
（現ヤマハ）から資金援助を受けていた。そして、1960 年代から日本楽器
製造（ヤマハ）が本格的に経営に参画し、1970 年（昭和 45 年）にニッカン
（日本管楽器）は日本楽器製造（ヤマハ）に吸収合併され、ニッカンとして
の長い歴史を閉じている。現在、ヤマハの管楽器は世界的なシェアを有して
おり、フルートはもちろんのこと、サックスやトランペットなどの国際的評
価も極めて高い。ヤマハの管楽器製造はニッカンからの長い伝統を引き継ぎ、
木管楽器や金管楽器全般を普及品からプロ向けカスタム製品まで揃え、海外
工場を含めて年間 40 万本を製造する世界最大の管楽器メーカーとなってい
る[26]。

第 2 章　フルートの歴史と発展　　95

写真 2-75　タクミ（ヤシマ）フルート
出所：筆者所蔵楽器。2019 年 5 月撮影。

　写真 2-75 は、八州（ヤシマ）フルートの製造による「TAKUMI（タクミ）」ブランドのフルートである。管体が銀製であり、キー部分は洋銀製に銀メッキがかけられており、カバードキーで引き上げトーンホールの楽器である。

　八州フルートは、ニッカン出身でマテキフルートの創始者の渡辺茂、ムラマツフルート出身でアルタスフルートを立ち上げた田中修一の 2 名を中心に、8 人の技術者によって設立された輸出専門のメーカーであった。ドイツを中心に輸出され、月産 30 本から 40 本を生産していた[27]。国内市場で流通することがほとんどなかったためか、国内の中古市場等でタクミフルートを見かけることはめったにない珍しい楽器である。つくりはマテキフルートによく似ており、大変丁寧なつくりと仕上げの楽器である。音色は、マテキフルートやアルタスフルートへの源流を感じさせる心地よい響きを持った楽器である。

　次の写真 2-76 は、「Marcato（マルカート）」ブランドの頭部管銀製の C 足部管・カバードキーのフルートである。お茶の水の下倉楽器が、自社ブランドとして国内のフルートメーカーに OEM 製造を委託していた楽器である。製造委託先はハンドメイド・フルートも製作するメーカーであったため、つくりはしっかりとしており、ポイントアーム仕様を採用するなど、楽器店ブ

写真2-76　マルカートフルート（下倉楽器）
出所：筆者所蔵楽器。2019年5月撮影。

ランドの楽器としては高品質で総銀製までラインアップされていた。

　現在は海外への製造委託になっているようであり、洋銀製のみの販売のようであるが、当時のマルカートフルートは洋銀製から頭部管銀製、管体銀製、総銀製まで品揃えをしており、他社に比べて価格も低価格に抑えられていた。写真の楽器は筆者が参考に入手したものであるが、台座のハンダ付けの仕上げやキーカップの仕上げ、頭部管の唄口の加工など、どれをとっても価格以上の価値を感じる楽器である。ポイントアーム仕様であることも付加価値を高めており、パッド合わせも問題なく音の狂いも少ない。

　楽器小売店による自社オリジナルブランドであり、楽器の種類を揃えていたことに特色がある。楽器卸のブランドとしてはプリマ楽器によるPRIMAブランド、過去にメーカーの河合楽器が管楽器をOEM製造委託していたことがあるが、小売店ベースの独自ブランドによる本格的な製品展開は珍しい。

（5）パールフルート（日本）の変遷

　パールフルートは、1968年に打楽器メーカーのパール楽器製造のフルー

第2章　フルートの歴史と発展　97

写真2-77　パールフルート・洋銀製初期モデル
出所：筆者所蔵楽器。2019年5月撮影。

ト部門として誕生した。ドラムセットなど打楽器メーカーとしては「Pearl」のブランドは浸透していたが、管楽器のフルートへの進出は画期的なことであった。ムラマツフルート出身の下山龍見を中心にフルート部門が立ち上がり、1968年にハンドメイド・フルートが完成し市場に出ていった[28]。ムラマツやニッカンから独立して自ら創業していった技術者は多いが、既存の楽器メーカー内の新部門として設立されたのは珍しいケースかも知れない。

　パールフルートは当初から新たな技術の導入に積極的であり、「技術革新」のキーワードが似合うメーカーといえる。パールフルートは早くから「一本芯金のピンレス構造」を開発し、1969年頃から楽器に採用していた。これは、従来はキーパイプの中で芯金を止めるために小さなピンが打ち込まれていたが、芯金が摩耗した際の交換時にピンの処理が問題となることから、ピンの要らないメカニズム「ピンレス・メカニズム」を考案したものである。また、従来の構造では芯金は2つに分かれており誤動作の原因ともなっていたが、これを1本の芯金を通すことで不具合を解消する「一本芯金」が開発されたのである[29]。その後も改良が進められ、現在のパールフルートの楽器には標準的に装備されるようになった。

　パールフルートは常にイノベーションを続けるメーカーであり、初期のモ

デルからの楽器の変遷も大変興味深いものがある。現在はハンドメイド・フルートでの高い評価を得るまでになっているが、現在に至るまでに試行錯誤を繰り返したイノベーションの精神に特徴のあるメーカーといえる。特に初期の時代には、ドイツ・フルートを模倣したコンセプトの楽器が多く見られ、ハンミッヒ系のフルートの流れと柔らかい音色に特徴があり、他の国内メーカーとの差別化が図られていた。また、早くから自社直営のフルートギャラリーを東京と大阪に開設し、ユーザーの声を積極的に聞くとともにそれを製品開発に活かし続けるユーザー・イノベーションの先駆的メーカーでもある。これらの理由から、パールフルートの楽器開発、製品戦略の変遷を見ていくことで、メーカーの製品開発の流れを確認できるものと考えており、筆者所有のパールフルートを中心に検証していくこととした。

　前の写真 2 -77 は、パールフルートの初期の洋銀製フルートの写真である。銀メッキはかかっておらず、表面は多少の腐食が見られる。メカニズム等で特徴的であるのは、管体接続部や足部管先端のリングの管がラッパ状にカーリングしたような形状となっており、ハンミッヒ系のドイツ・フルートによく見られる形状である。また、写真でわかるようにトリルキーがコルクでなく、管にハンダ付けされた支柱とフェルトで押さえる構造になっている。樽管へのメーカーロゴ等の刻印も、管に水平に横書きで文字が刻まれており、当時の国内の他メーカーとは異なっている。

　写真 2 -78 は、前の洋銀製フルートよりは後の時代となり、管体銀製のNST-97 というモデルである。前の洋銀製フルート（写真 2 -77）のメーカー名ロゴは「PEarl」で「E」が大文字イタリックであったが、NST-97 モデルは後の時代のため「Pearl」の「e」は小文字ロゴに変わっている。トリルキーや足部管 D# レバーについては、前の洋銀製と同様に管体にハンダ付けで立てられた支柱によって支えられている。樽管の刻印については、横書きで変わらないが、「Pearl」のロゴデザインが変化し、刻印の彫りも以前よりくっきりとしている。

　NST-97 のモデルは、時代としては少し後であり、1980 年の管楽器価格

第 2 章 フルートの歴史と発展 99

写真 2-78 パールフルート・NST-97（管体銀モデル）
出所：筆者所蔵楽器。2019 年 5 月撮影。

一覧表に掲載されており、当時の定価は 190,000 円であった。1980 年頃の製品であり、楽器の完成度は現在のものに近づいている。この当時の楽器の特徴であるが、接続管や足部管先端のリングが端を折り返してカーリングしたような形状である。トリルキーを管体からの支柱で押さえる構造については、前述のドイツ・フルート「モーレンハウエル」でも見られた構造であり、ドイツ・フルートをベースに設計・開発されたことがわかるものである。

　演奏した音色の印象は、管体が銀製であることから柔らかい陰影のある音色であり、頭部管の唄口のカットも現在のフルートに近い形のため比較的吹き易いイメージである。当時の製品ラインアップを見ると、総銀製ハンドメイドの SS-100 から洋銀製の NC-96 まで多くの製品が揃っており、オプションとして H 足部管や E メカ、リングキーを選べるようになっている。

写真 2-79　パールフルート・初期の総銀製モデル（型番なし）
出所：筆者所蔵楽器。2019年5月撮影。

　写真 2-79 は、パールフルートの初期の総銀製モデルであり、型番等の刻印はなく、初期のパールのロゴマークと MADE IN JAPAN の表示と製番のみが刻印されている。パールのこの時期のフルートには「MADE IN JAPAN」の刻印が目立っており、輸出を見据えての表記であったものと推察できる。

　写真のようにキーメカニズムは、前述したドイツ・フルートのヨハネス・ハンミッヒのキーカップの形状によく似ている。薄めのカップで周囲の角はきれいにやすりで磨かれており、ラウンドした曲線美が美しいフルートである。Eメカニズムも付いており吹奏感も悪くなく、この後の時代の柔らかく陰影感のある音色とは少し異なり、低音も響くストレートな音色である。総銀製フルートとして、製作者の思いが伝わってくるような楽器である。

　写真 2-80 は、前述したパールフルートの初期の総銀製フルートより少し後の総銀製フルートである。樽管のメーカーロゴの刻印はEが大文字の初期のスタイルであり、「STERLING SILVER」の刻印も施されている。

　カバードキーのキーカップの形状は、前のドイツ管系の形状から現在の国内メーカーの主流であるキーカップの形に変わっている。キーポストは若干高めの感じであり、スプリングも重めではあるが、操作性自体は悪くない。頭部管はストレートのテーパー（絞り）のようであり、ドイツ系の音がする。

第 2 章　フルートの歴史と発展　101

写真 2-80　パールフルート・総銀製モデル（型番なし）
出所：筆者所蔵楽器。2019 年 5 月撮影。

写真 2-81　パールフルート SS-98 総銀製モデル
出所：筆者所蔵楽器。2019 年 5 月撮影。

　写真 2-81 は、パールフルートの総銀製 SS-98 モデルである。前出の NST-97 と同時代のモデルであるが、こちらの SS-98 の方が若干古いのか、樽管のメーカーロゴは「Pearl」のように「E」が大文字の古い刻印である。E メカニズムは付いておらず、カバードキーの C 足部管である。キーポストは高めであり、Gis レバーも若干大きめに感じるフルートである。
　SS-98 モデルは、1980 年の管楽器価格一覧表で 315,000 円の定価設定で

写真2-82　パールフルート「カンタービレ」初期モデル
出所：筆者所蔵楽器。2019年5月撮影。

ある。ヤマハの総銀製の引き上げカバードのYFL-63がEメカニズム付きで270,000円であったことから、ヤマハの値付けよりは高めの設定であったといえる。SS-98モデルは次のSS-800モデルを経て、後継モデルである「Cantabile（カンタービレ）」に引き継がれていくことになり、パールフルートの主流となる位置づけのフルートである。吹奏感も最近のフルートに近く、パールフルートの特徴である柔らかい音とドイツ・フルートの陰影感を持ち合わせている。キーポストが若干高めのような印象であったが、キーワークは極めて自然に操作が可能であり、基本的な機能にも問題のない楽器である。総銀製フルートをはじめとして、この当時のパールフルートはドイツ・フルートのスタイルを強くイメージさせる楽器であった。

写真2-82は、1980年代中盤にパールフルートの転換期となるモデルチェンジを行った、総銀製の「Cantabile（カンタービレ）」PF-881Rモデルである。この製品自体は1990年代中盤の製造であり、樽管や頭部管に刻印されたロゴマークなどは新しいデザインである。しかしながら、現在のポイントアーム仕様のキーメカニズムではなく、フラットカップのリングキーであり、現在では標準的となったEメカニズムも付いていない。

このフルートにはPHN-2という型の頭部管が付属しており、現在のカタ

ログにも型番が掲載されていることから、ポイントアーム仕様を除いては現行のモデルにより近づいた楽器である。音色も極めて現在のパール・サウンドに近く、柔らかい響きと陰影感を表現できるところに楽器の完成度を感じさせられる。上級機種のハンドメイドに負けない音色と操作性を有していることから、この後にも「カンタービレ」がパールフルートの人気商品となっていった理由がよくわかる。

1984年当時のカタログや雑誌広告では、同クラスの総銀製モデルはSS-800シリーズであり、その前のSS-98のモデルと大きくは変わっていなかった。次の1986年当時のカタログや雑誌広告から、PF-885カンタービレが登場しており、1986年当時は450,000円の定価で販売されていた。この頃には、すでに上位クラスの銀製ハンドメイドや、高価な14Kハンドメイドがカタログに掲載されている。

1986年や87年当時の製品広告を見ると、樽管に刻印されているメーカーロゴは管体に垂直に刻印されるようになり、デザインも大きく一新されている。パールフルートの大きな転換期に達した時期であるといえ、前の総銀SS-98モデルやSS-800モデルとは異なり、カンタービレ（PF-881）ではメーカー名のロゴやマーク、そして樽管の刻印も大きく変わり、キーの形状も大きく変更されている。パールフルートは国内の他メーカーと比べると、長らくドイツ・フルートを強く意識した独特なスタイルを継承していた。このモデルからは、キーメカニズムやキーカップの形状も標準的なスタイルとなり、全体にスリムでスマートなつくりに変わっている。キーポストの高さやキーパイプの位置なども改良されており、接続管のリングの形状など、現在のモデルにより近づいた印象である。

前にも述べたが、パールフルートのカンタービレはセミハンドメイドとしての位置づけであり、楽器としての性能は価格以上に評価できる内容である。1995年当時の価格表では、カンタービレのオプションなしは定価380,000円と低価格に設定されており、現在でも400,000円台で購入できるコストパフォーマンスに優れた楽器である。カンタービレには仕上げとして全体に銀

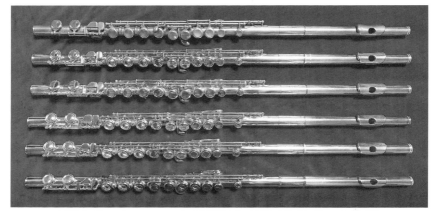

写真 2-83　パールフルートの初期モデル比較（1970年代〜1990年代）
出所：すべて筆者所蔵楽器。2019年5月撮影。

メッキが施されており、頭部管の選択にもよるがパール・サウンドの中では明るくよく響く印象があり、購入時の選択肢として逆にメッキなしの上位機種との差別化になるものといえる。

　また、パールフルートは1990年代に大きな変革があり、1994年にパールフルートギャラリー東京が開設され、その後、大阪にもフルートギャラリーが開設されている[30]。その動きと同時に、製品のラインアップも大きく変更されており、直営の営業拠点によって顧客と直接向き合う機会をつくるとともに、顧客のニーズが明確に伝わり、顧客の声が製品に反映される「ユーザー・イノベーション」の機会を得ることになったものといえよう。

　写真2-83は、1970年代から1990年代のパールフルートの初期モデルを並べたものである。本書の登場順に並べてあり、上から初期の洋銀製モデル、次が管体銀製のNST-97モデル、初期の総銀製モデル、次の時代の総銀製モデル、SS-98総銀製モデル、PF-881R カンタービレの順である。一番上の初期の洋銀モデルからSS-98モデルまで、ドイツ・フルートを受け継いだスタイルは変わらず、キーメカニズムやキーカップの形状には差があるものの、基本的なスタイルは近似している。一番下のPF-881R カンタービレ

第 2 章 フルートの歴史と発展　105

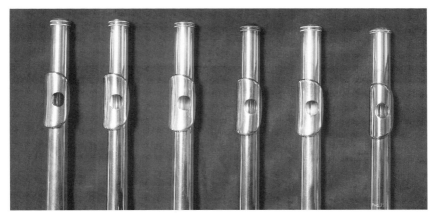

写真 2-84　パールフルートの初期モデルの頭部管比較
出所：すべて筆者所蔵楽器。2019 年 5 月撮影。

になってからは、全体のスタイルやキーメカニズム等に変化が生じていることがわかる。

　これらのフルートは、パールフルートの草創期から発展と技術革新を続けたメーカーの歴史を表しているともいえる。ドイツ・フルートのヨハネス・ハンミッヒや、ヘルムート・ハンミッヒの流れを感じる初期のパールフルートは、製作者の技術者魂を感じるこだわりがある。他の国内メーカーが同じようなスタイルのフルートで競合する中で、それとは異なる次元での製品開発と音色の追及がなされていたことを強く感じるものである。

　写真 2-84 は、1970 年代から 1990 年代のパールフルートの初期モデルの頭部管を比較したものである。左から順番に並べてあり、左端が初期の洋銀製、右端が PF-881R カンタービレの PHN-2 の頭部管である。初期の洋銀製、NST-97 から SS-98 に至るまで、リッププレートの唇側が若干湾曲しているが、右端の最も新しいカンタービレ付属の PHN-2 ではストレートの形状になっている。どれもドイツ・フルート特有の単一テーパーのようであり、パール・サウンドの基本となっている部分と考えられる。

　次の写真 2-85 は、F9800R の「Maesta（マエスタ）」モデルである。ト

写真 2-85　パールフルート「マエスタ Maesta」総銀製
出所：筆者所蔵楽器。2019 年 5 月撮影。

ーンホール引き上げの総銀製ハンドメイドで、C 足部管のインラインリングキーであり、頭部管には PHN-2 のリッププレート彫刻付きがセットされている。マエスタ・モデルの初期に近い楽器であり、接続リングは細目のデザインである。1995 年当時のパールフルートのカタログや雑誌広告に「パールから新しい総銀製フルート、ハンドメイド"マエスタ"誕生」というキャッチが残っている。カンタービレ PF881 は、すでに 1986 年当時から販売されており、1995 年当時の雑誌広告ではマエスタはハンドメイド・スタイルのポイントアーム仕様であったが、同じ雑誌の広告に掲載されているカンタービレはポイントアームの仕様ではなかった。ポイントアームの有無が当時のハンドメイドの約束事であったのかも知れない。

　この引き上げトーンホールのマエスタについては、大きな音量ではないものの、パールらしい柔らかい心地よい響きがする。カンタービレも PHN-2 の頭部管であるが、カンタービレは息がよく入り明るく響くイメージであるのに対し、マエスタでは頭部管に適度な抵抗感を感じ、ポイントを捉えて吹けば心地よい響きとよい音を出せる楽器である。ハンドメイドと称するだけはあって、奏者によるコントロール力が求められ、それに応じて楽器が反応する吹奏感であった。大幅なモデルチェンジ後のパールフルートにおいて、

第 2 章　フルートの歴史と発展　107

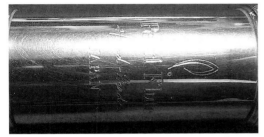

写真 2-86　パールフルート「マエスタ Maesta」総銀製
出所：筆者所蔵楽器。2019 年 5 月撮影。

あらゆる意味で演奏の幅が広がっていると感じる逸品である。

　マエスタが登場する以前のモデルとして、3 桁の製番である PF-995 のグラーヴェ・シリーズのハンドメイド・フルートがあった。1995 年当初のマエスタ・モデルも 3 桁の製番 PF-975 であり、4 桁の 9800 となったのは少し後からである。「グラーヴェ」が銀製ハンドメイドの最高級ブランドであった時期が存在したようだが、その後に完全受注生産の「Opera（オペラ）」ブランドが登場したことで、カタログから名前が消えている。

　写真 2-86 は、F9801RBE の「Maesta（マエスタ）」モデルである。トーンホールハンダ付けの総銀製ハンドメイドで、H 足部管のインラインリングキーで E メカニズム付きであり、頭部管には PHN-1 のリッププレート・プラチナ 960 のモデルがセットされている。リップ・ライザーがプラチナ（Pt.960）というのが珍しく、パールフルートのカタログ上には現在も存在するが、プラチナの高騰によって時価表示となり楽器市場で見かけることも稀である。他のメーカーにおいても、銀製頭部管で高純度のプラチナをリッププレートに使用したモデルは見かけず、大変希少価値を感じる製品である。このマエスタの H 足部管は、前の引き上げモデルよりも後期のモデルであり、

写真2-87　パールフルート「マエスタ Maesta」970総銀製
出所：筆者所蔵楽器。2019年5月撮影。

　トーンホールのハンダ付けに加えて、接続管のリング等も太めのためか全体に重厚感が増している。プラチナ・リップの密度と重厚さの効果を合わせて、音色はパール・サウンドに似合わない重厚でよく響く音がする。

　マエスタ・モデルが世に浸透してきた頃のモデルでもあり、ハンダ付けでH足部管ということもあり、今までのパールフルートの傾向とは若干異なる印象である。ドイツ・フルートの伝統とも違い、新たなパールフルートのコンセプトを感じるフルートである。フルートギャラリーによる顧客との接点から、このようなよい方向への変化が生まれてきたのかも知れない。

　写真2-87は、パールフルートの比較的最近のモデルである、管の素材に970銀を使用した「Maesta（マエスタ）プリスティーンシルバー」のモデルF9701REである。管体には純度の高い970銀を使用し、C足部管でインラインリングキー、トーンホールハンダ付けでEメカニズム付きのモデルである。頭部管は Vivace（VC）モデルで、14Kゴールドのリップ・ライザーのモデルがセットされている。現行では970銀の他に、958銀や997銀の高純度の銀製モデルが用意されているが、数年前まではパールフルートの主力として、「プリスティーンシルバー」のネーミングで売り出していた。

　この970銀を管体に使用したマエスタ・モデルは、通常のスターリングシ

第 2 章　フルートの歴史と発展　109

写真 2-88　パールフルート「オペラ Opera」総銀製 C 足部管
出所：筆者所蔵楽器。2019 年 5 月撮影。

ルバー（925 銀）と比べて密度の高い音がし、圧延段階での工程の影響かも知れないが銀自体が重厚感を備えている。925 銀はどちらかといえば柔らかさと独特の響きの空気感を有していたが、970 銀になると従来のパール・サウンドとは一線を画し、音量感も増して重厚さを兼ね備えた音色である。頭部管との相性や金リップの効果もあるのか、大変よく鳴る楽器であり従来にはない太い音も出せるのが特徴的であった。プリスティーンシルバーのシリーズを出したことで、従来のドイツ・フルートの伝統や、柔らかく陰影感のある響きを重視した音の傾向から、さらに脱皮して一段と飛躍を遂げている。

　写真 2-88 は、パールフルートのハンドメイド最高級モデルである「Opera（オペラ）」モデルの C 足部管フルートである。オペラ・モデルは、一人の技術者が最初の工程から最後まで一本のフルートを作り上げる、完全受注生産モデルの本格的なハンドメイド・フルートである。一本のフルートを一人で製作できる技術者は、日本のメーカー各社においても数が少なくなってきており、パールフルートの社内での技術の伝承が効果的に行われている結果として、このような完全ハンドメイドが企業内で可能となっている。

　このオペラ・モデルは、トーンホールハンダ付けで C 足部管、インラインリングキーに E メカニズム付きである。オペラについては、樽管に刻まれた

写真 2 -89　パールフルート「オペラ Opera」総銀製 H 足部管
出所：筆者所蔵楽器。2019年 5 月撮影。

ロゴも異なり、筆記体のメーカー名が手彫りされている。写真でわかるように、台座（座金）の先端部分は鍵状にデザインされ、ドイツ・フルートの銘器のイメージを彷彿させる。このフルートは、接続部分のリングなども太めで、全体にがっちりと作られている印象である。頭部管には Vivace（ヴィヴァーチェ・VC）の 14K ゴールドリップのモデルをセットしており、頭部管の効果も相乗して、管全体が大変よく鳴り、管体が共鳴するのが指先から伝わってくるほどである。マエスタ・モデルとは楽器のつくり込みが違うのか、よい意味で出てくる音の粒までもが異なる印象である。

　写真 2 -89 は、パールフルートのハンドメイド最高級モデルである「Opera（オペラ）」モデルの H 足部管フルートである。完全な手作りであるため、一つひとつの楽器に個性があり、この楽器は台座（座金）の先端の鍵状の加工も特色があり、接続部のリングは細身で全体に華奢な麗人のイメージである。全体の重量は 448 g であり、華奢といっても見た目だけであって、標準的な H 足部管の重量はある。胴部管のキーメカニズムの裏側に「S」のイニシャルが一か所刻印されており、パールフルートの祖ともいえる名工の下山龍見による製作である。完全ハンドメイドの楽器であるだけに、細部の加工や仕上げのよさもあって、芸術品的な作品といっても過言でない

第 2 章 フルートの歴史と発展 111

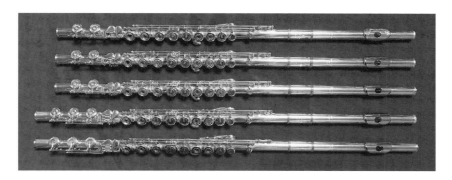

 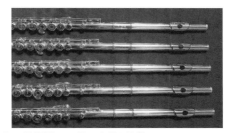

写真 2-90　パールフルートの総銀製ハンドメイドの比較
出所：すべて筆者所蔵楽器。2019 年 5 月撮影。

といえよう。

　このフルートには、PHN-2 の 18K ゴールドリップの頭部管がセットされている。18K リップということもあって多少の抵抗感はあるが、その抵抗感からくる奏者自身の音作りによって大変よい響きが生まれてくる。部屋全体に心地よい響きが行き渡り、パール・サウンドを感じる陰影感も備えた柔らかい響きが得られるのが特徴的である。楽器のつくりのよさが音にここまで影響するのかと、強く感じさせられる楽器であり、「Opera（オペラ）」ブランドの持つ技術の結晶に音の魔力を感じる逸品と評価できる。

　写真 2-90 は、パールフルートの銀製ハンドメイド・フルートを並べて比較したものである。上から、マエスタ・引き上げ、マエスタ 970 銀、オペラ C 足部管、マエスタ・ハンダ付け H 足部管、オペラ H 足部管である。頭部管 5 本の写真も、左からフルート全体と同じ並びである。

写真2-91　パールフルートの銀製頭部管の比較
出所：すべて筆者所蔵楽器。2019年5月撮影。

　1990年代以前の古い時代のパールフルートは、他社とは違う特徴的なスタイルであったのに対し、最近のモデルについては他のメーカーと比較して遠目でわかるほどではない。よくいえば、モダンフルートの最先端モデルに達しているともいえ、表面的には他社と比較して差別化がわかるものではない。しかしながら、パールフルートの伝統であるイノベーションの精神は楽器に込められており、他社にはないような数々のオプションが見られる。頭部管の種類や仕様の選択肢だけでも、幅が広いのがパールフルートの特色である。
　写真2-91は、パールフルートの現行の頭部管を比較した写真である。パールフルートには、頭部管にいくつかの種類があり、それぞれPHN-1、PHN-2、PHN-3、PHN-9、Forte（VF）、Vivace（VC）、Vivo（VO）などが用意されている。さらに、リッププレートやライザーを10Kや14K、18Kゴールドとすることや、プラチナにする選択肢もある。写真の11本の頭部管は、それぞれ管体が925銀や970銀、リッププレートに14Kや18K、プラチナを使用したモデル、彫刻を施したモデルで、PHN1〜3、VC、VO、VFの種類が写っている。

第 2 章　フルートの歴史と発展　113

写真 2-92　パールフルートの頭部管ヘッドスクリュー（クラウン）
出所：筆者所蔵楽器。2019 年 6 月撮影。

　パールフルートにおいては、東京・大阪のギャラリーを通しての注文や楽器の相談が可能である。これらの頭部管についても、外見ではわからない加工がなされている。それは、反射板を 10K や 14K、18K のゴールドに変更したり、ヘッドスクリュー（クラウン）を空洞型やパラボラ型などに交換することによって、響きを加えたり芯のある音に変えたりすることが可能である。写真 2-92 で示すように、ヘッドスクリューの重量や空洞部分を変え、金メッキをかけることによって、音色や音量感を変えることができるのである。空洞型のヘッドスクリューは響きが増した感覚があるが、一方で音の芯が失われた感じも出てくる場合がある。その対策として、重量を増したヘッドスクリューを付けることで両方の効果の折衷的な対応が可能となる。これも、パールフルートならではの楽しみ方の一つともいえ、フルートギャラリーという窓口を通してユーザーに向いた個別対応をしているからこそ、いろいろなオプションでの変更が可能となっている。

　次の写真 2-93 は、パールフルートのマエスタ 10K ゴールドである。管体が 10K ゴールドであり、トーンホールはハンダ付け、台座やキーポストを含むキーメカニズムは 925 銀製である。H 足部管で E メカニズム付き、インラインリングキーの仕様で、頭部管のリッププレートには特注の彫刻が施されており、大変美しい加工と仕上げがなされている。頭部管は PHN-1 のタイプが付属しており、ライザー部分は 14K の特注である。パールフルートの基本ともいうべき PHN-1 の頭部管であり、伝統的なパール・サウンドを重視した組み合わせである。

写真2-93　パールフルート「マエスタ Maesta」10K ゴールド製
出所：筆者所蔵楽器。2019年5月撮影。

　マエスタ・モデルであるが、通常の銀製マエスタとは違い、仕様は受注を受けての内容となる。接続部のリングも 10K 金製であり、頭部管のライザーを 14K にした特注品となっている。当初は 14K のヘッドスクリュー（クラウン）が付属していたが、響きが失われる感覚があり、後で 10K ゴールドのヘッドスクリューに交換している。各パーツのハンダ付けも美しく、ロウ付けされたキーカップもきれいに仕上げられており、コルクの削り方に至るまで、見た目も完成度の高い楽器に仕上がっている。パールフルートの中でも経験のある技術者が製作に携わったことがわかる楽器であり、ゴールドフルートとなるとオペラ並みの精緻さが見てわかる。特に、D# レバーやトリルキーのコルクについては、削り方も美しいが、コルクの種類自体も高品質である。
　10K ゴールドのため比較的軽い管体ではあるが、ソルダード・トーンホールであることや H 足部管の重量感もあって、それなりの重厚さを備えた楽器である。パールの伝統的な PHN-1 の頭部管は柔らかい響きを持ちながら、

第 2 章　フルートの歴史と発展　115

写真 2-94　パールフルート「マエスタ Maesta」14K ゴールド製
出所：筆者所蔵楽器。2019 年 5 月撮影。

　音の芯もしっかりと伝わる響きであることから、長らくパールフルートの標準装備となっていた頭部管である。ライザー部分が 14K であることもあって、一般的な 10K ゴールドの引き上げ C 足部管とは違う吹奏感であり、出てくる音も特徴的である。独特の響きと空気感を得ることのできる楽器であり、10K のよさを大いに引き出してくれる。10K という比較的軽めの素材で管厚は 0.30 mm であることから、銀製ハンドメイドにはない音色と響きの感覚を得ることができ、ゴールドと銀の中庸をいくモデルといえるであろう。

　写真 2-94 は、パールのマエスタ 14K ローズゴールドのモデルである。管体とリング、台座・ポストまでが 14K ゴールド製であり、ソルダード・トーンホールで、キーメカニズムは 925 銀製に 18K ローズゴールドのメッキがかけられている。見た目は総金製のフルートであり、リッププレートの彫刻がゴールドフルートの高級感を引き立てている。頭部管のタイプはVivace（VC）であり、唄口のカットは若干スクエアな感じである。

　このフルートはマエスタ・モデルではあるが、調整ネジもないハンドメイド・スタイルの楽器である。価格帯も高価格帯であることから、受注生産のオペラと同様に技術者の思い入れを持って製作された楽器といえる。パールフルートの最高峰の技術が結集されており、コルクの削り方をとっても通常

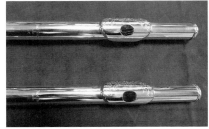
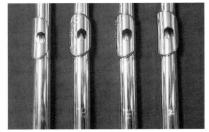

写真 2-95　パールフルート「マエスタ Maesta」ゴールド製比較
出所：いずれも筆者所蔵楽器。2019年5月撮影。

の銀製モデルとは違う美しいつくりである。ハンダ付け、ロウ付けの加工も美しく、パーツの処理もきれいに仕上げがなされている。10Kモデルにおいても述べたが、非常に精緻な加工がなされ、細部に至るまで仕上げに製作者の気持ちがこもっていることがわかるような楽器である。

この 14K ゴールドのフルートの音色については、見た目の重厚感に反して吹奏感は意外にも軽快である。14K で H 足部管のソルダード・トーンホールでありながら、吹くと管体がよく反応して管全体が共鳴し響きが指にまで伝わってくる。頭部管も息がよく入り、ストレスなく音が出せる印象であり、つくりのよさが楽器のよさに比例しているようなフルートである。

写真 2-95 は、パール・マエスタゴールドの2本を並べた写真である。右下の頭部管については、参考にアメリカのブランネン等の 14K の頭部管を比較した写真である。基本的に2本とも同時期に製造されたマエスタ・モデルであるため、全体のスタイルとしては 10K も 14K も変わらない。頭部管については、唄口のカットとリッププレートの形状は異なっているのが見て

第 2 章　フルートの歴史と発展　117

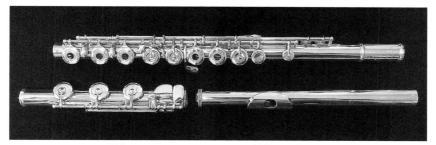

写真 2 -96　ムラマツフルート　管体9K ゴールド
出所：筆者所蔵楽器。2019年 1 月撮影。

わかる。また、10K ゴールドの頭部管 PHN-1 はストレートテーパーであるが、14K ゴールドの頭部管 Vivace（VC）はカーヴドテーパーであり、頭部管の絞りに若干の違いがあるが、写真でわかるほどの差ではない。

写真 2 -96 は、ムラマツフルートの管体 9K ゴールドのフルートである。H足部管で、トーンホールは引き上げ、メカニズムは銀製でEメカニズムが付いたモデルである。パールフルートのゴールドフルートと対比するうえで写真を載せたが、日本を代表するムラマツ・ブランドであり、メカニズムの信頼性は高く、管体の鳴りもよく9K ゴールド特有の軽快で明るい音色がする楽器である。

（6）その他のフルート

次の写真 2 -97 は日本で生まれた SM フォークフルートであり、日本で独自の進化を遂げたフルート族の楽器である。この SM フォークフルートは、1960 年代後半から 1970 年代に、日本木管楽器株式会社の設計・監修により、株式会社興野製作所が製造していたキーの無い金属製のフルートである。フルートを手軽に楽しめるように、フルーターというマウスピースをリッププレートに取り付けることで、フルートが吹けないでも息を吹き込むだけで簡単に音が鳴らせるようになっていた。しかしながら、この SM フォークフルートはF調で運指が難しく、曲を演奏するにはフルートとは異なる独特な

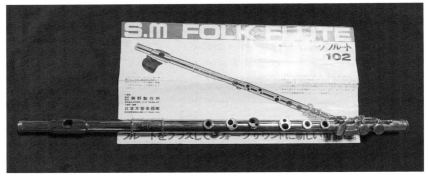

写真 2-97　SM フォークフルート
出所：筆者所蔵楽器。2019年4月撮影。

写真 2-98　ホールクリスタルフルート
出所：筆者所蔵楽器。2019年4月撮影。

運指を覚える必要があった。

　この SM フォークフルートは、日本独自の開発と進化をしてきたガラパゴス系楽器といえる。リッププレートの部分にマウスピースを取り付けて音を出すという、フルート奏者にとっては禁じ手のような道具を備えた楽器でもある。指で押さえるトーンホールは管体にハンダ付けされ、半音用の穴が開いており、指の押さえ具合で調整することになる。当時は相当数のユーザーもいたようであるが、すでに消滅してしまった残念なフルートでもある。

　写真 2-98 は、HALL CRYSTAL FLUTES（ホールクリスタル・フルート）という強化ガラスで作られたフルートである。1972 年にアメリカの製作者ジェイムズ A. ホールによって作られ、現在もアメリカの HALL 社によって製造されており、楽器店の店頭やネット通販で比較的簡単に入手できる。このフルートについても、近年に独自の開発と進化を経てきた楽器といえよ

第 2 章　フルートの歴史と発展　119

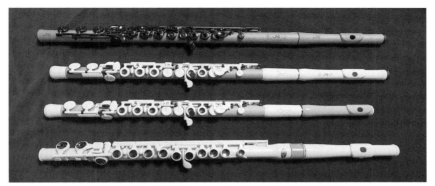

写真 2-99　樹脂製のフルート（GUO 社、NUVO 社）
出所：いずれも筆者所蔵楽器。2019年4月撮影。

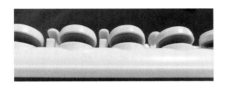 

写真 2-100　樹脂製のフルートのキーメカニズム
出所：いずれも筆者所蔵楽器。2019年4月撮影。

う。

　写真 2-99 は、最近に一般化してきた樹脂製のフルートである。樹脂製ではあるが、フルートのキーメカニズムを有しており、本格的な演奏が可能なフルートである。上から、台湾の GUO 社による New Voice フルート、次は同じく GUO 社の TOCCO（トッコ）ブランドの TOCCO プラスフルート、次が TOCCO フルート、一番下が NUVO 社の樹脂製フルートである。

　写真 2-100 のキーメカニズムの拡大写真のように、これらの樹脂製フル

ートはシリコンのパッドではあるが、本格的なキーメカニズムを有しており、その音はフルートの音であり、フルートの新たな領域である。台湾の台中市にある GUO 社（GUO Musical Instrument Co.）は、パールフルートの台湾工場に勤務していた郭兄弟によって創設された。当初は銀製のハンドメイド・フルートを、Guo Brothers（ゴウ・ブラザース）のブランドで製造していた。その後に樹脂製の本格的なフルートを開発し、本格的な New Voice シリーズや普及品の TOCCO ブランドのフルートを世に出してきた。New Voice フルートは税別 135,000 円の定価であり、TOCCO フルートも 70,000円前後の価格帯のため、金属製のフルートと変わらないくらいの価格帯である。樹脂製であるからといって決して安くはなく、玩具の領域ではなくあくまでも楽器の範疇である。実際に楽器店やフルート専門店で販売され、新たな領域の楽器という位置づけにある。

　NUVO フルートは、価格帯も 20,000 円以下で購入でき、GUO 社の製品に比べると簡易な印象である。NUVO 社は香港に本社を置き、中国で製造している楽器メーカーであり、樹脂製のクラリネットなども製造している。安価な価格帯に設定されており、初心者が買い求めやすい価格とネット通販などで簡単に入手できることから、あらゆる購入層から支持されている。楽器としての完成度は決して高くないが、フルートとして音を出せる楽器である。

　写真 2 -101 は、樹脂製フルートの頭部管部分を比較したものである。左から、GUO 社の New Voice フルート、同じく TOCCO ブランドの上級モデル（TOCCO プラス）、TOCCO の通常モデル、NUVO フルートの順である。左の 2 つは GUO 社の New Voice シリーズの頭部管であり、同じような仕様である。右端の NUVO フルートは、太さや唄口の形状が違うことがわかる。

　GUO 社の New Voice フルートは価格帯からも本格的なフルートであり、通常の曲の演奏に十分に耐えうる構造である。楽器の重量自体が軽いことから、音に深みはなく軽く明るい音色であるが、3 オクターブの音階を難なく吹くことができ、早い指の動きにも対応できるキーメカニズムとパッドであ

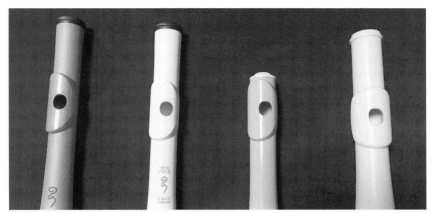

写真 2-101　樹脂製のフルートの頭部管
出所：いずれも筆者所蔵楽器。2019 年 4 月撮影。

る。音域によっては樹脂製であることを忘れるくらいの音が出るが、銀製のフルートや本来の木管フルートと比べると、やはり金属管フルートの代用品的な存在ともいえる。また、TOCCO フルートも同様の傾向が見られる。

　NUVO フルートについては、GUO 社のフルートと比較すると、音の抜けや音量感の不足や、音色の変化のつけ難さとコントロールの難しさを感じる。やはり価格が高いだけあって、GUO 社の樹脂製フルートは本格的である。

〈第 2 章の注〉
（ 1 ）　前田（2006）pp. 14-22、他を参考にした。
（ 2 ）　前田（2006）pp. 24-34、トフ（1985）pp. 19-23 を参考にした。
（ 3 ）　前田（2006）pp. 66-77、トフ（1985）pp. 23-29 を参考にした。
（ 4 ）　トフ（1985）pp. 63-73。
（ 5 ）　トフ（1985）p. 57。
（ 6 ）　トフ（1985）pp. 73-85。
（ 7 ）　トフ（1985）pp. 83-85。
（ 8 ）　銀製や洋銀製をはじめ、金やプラチナなどの貴金属、グラナディラや黒檀の木製によるフルートが作られている。

（9）　足部管には、最低音がＣのＣ足部管と最低音がＨ（Ｂ）のＨ足部管がある。

（10）　ベーム式フルートにおいては、バロック・フルートの逆円錐形の円筒とは違い、頭部管をわずかに円錐形に絞ることで胴部管・足部管は円筒型を維持している。この絞り（テーパー）がフルートの音程に大きく影響する。

（11）　海外では、J. R. ラファン、FAULISI（フォリジ）、MANCKE（マンケ）などの頭部管専業メーカーがある。

（12）　2019 年 7 月現在では、J. R. ラファンの銀製 14K リップ・ライザーの頭部管価格は税抜き 711,000 円であり、国産の総銀製ハンドメイド・フルートが購入できる価格水準である。

（13）　アイリッシュ・フルートとは、アイルランドの伝統音楽などで演奏されている木製のシンプルなフルートであり、6 つの指孔を持っている。

（14）　笛膜によって「ビービー」と共鳴する独特の音色となり、一般的な西洋や日本のいわゆる一般的な笛の音とは異なる。

（15）　トフ（1985）pp. 33-36、前田（2006）pp. 244-254。

（16）　丹下（2015）pp. 154-155。

（17）　Giannini（1993）pp. 209-211。

（18）　H. セルマーの日本での輸入総代理店である野中貿易の HP を参照した。

（19）　Hammig（販売代理店：株式会社グローバル）のカタログ p. 1、THE FLUTE 106 号（2010）p. 23 を参考にした。

（20）　Hammig のカタログ p. 1、THE FLUTE 106 号（2010）p. 23。

（21）　H（ハー）管と一般に呼ばれ、ドイツ音名で最低音が H（シの音）まで出せる足部管であり、アメリカでは B-Foot と呼ばれている。

（22）　野中貿易 HP の KING ブランドの説明を参考にした。

（23）　ザ・フルート編集部（1998）pp. 14-32、THE FLUTE 106 号（2010）pp. 4-5。

（24）　ザ・フルート編集部（1998）p. 17。

（25）　ザ・フルート編集部（1998）pp. 84-91。

（26）　ヤマハ HP およびザ・フルート編集部（1998）pp. 84-91 を参考にした。

（27）　ザ・フルート編集部（1998）p. 129、p. 152。

（28）　ザ・フルート編集部（1998）pp. 74-81。

（29）　パール楽器製造の HP およびザ・フルート編集部（1998）pp. 74-81。

（30）　パール楽器製造の HP による。

第3章
フルート製造の技術

1．日本メーカーの製造技術

（1）パールフルートの生産戦略（日本での生産）

　フルートメーカーの技術と生産面のマネジメントを実際に検証していくことが、本書における研究目的を達成するうえで重要な前提条件となっている。そのような中で、パール楽器製造株式会社（パールフルート）からの多大な協力を得て、生産活動の調査として本社工場と台湾工場（生産現地法人）における実地調査を行うことができた。調査は2014年8月から開始し、その後も工場スタッフや工場長からのヒアリングや、営業拠点である東京・大阪の同社フルートギャラリーでの調査を重ね、2019年7月で調査を一旦終了した。

　パールフルートの国内における製造拠点は、千葉県八千代市にある本社併設の工場である（写真3－1）。東京都内からさほど遠くもなく、物流面や従業員の雇用面においても利便性は高い場所である。パールフルートの本社工場へは最初に2014年9月3日に訪問し、當房孝則工場長の案内で約半日をかけて工場内の製造現場を見学し、その後に生産マネジメントについての聴取を行った。

　次の写真3－2の左の写真は、フルートの胴部管と頭部管の接続部にあたる樽管部分のリングのハンダ付けの作業である。ガスバーナーの炎が見えて高温での作業の状況がわかるが、当然に技術者の管理の下での手作業である。ハンダ付け作業は温度管理も難しく、微妙な感覚での手作業となるため機械化や自動化が難しい作業の一つである。ハンダ付けやロウ付けの温度管理によって金属の状態も変わるわけであり、実際の耐久性や仕上げの美しさを求めるうえでも熟練した職人技が必要な作業といえる。

写真3-1　パールフルート（パール楽器製造）本社工場
出所：パールフルート本社（千葉）に於いて2014年9月筆者撮影。

写真3-2　樽管のハンダ付けと管のテーパー加工
出所：パールフルート本社工場（千葉）に於いて2014年9月筆者撮影。

　写真3-2の右の写真は、管のテーパー加工（絞り）をする機械である。現代のベーム式フルートでテーパー（絞り）があるのは頭部管部分であり、パールフルートではPHNシリーズのストレートテーパーの頭部管と、VCやVOといったカーヴドテーパーの2種類のテーパーをもった頭部管がある。一般的に胴部管付近の内径が19mmであり、頭部管の反射板付近になると内径は17mm程度まで絞られている。約2mmの絞りの差であるが、この円錐形のテーパーが音程の維持や発音に大きな影響を有するので、このテーパー加工の作業も重要な部分である。機械での加工ではあるが、技術者の目による確認が必要であり、やはり熟練した技術が必要となる。
　写真3-3の左の写真は、トーンホールの引き上げ加工の機械である。ト

第3章 フルート製造の技術　125

写真3-3　トーンホール引上げとトーンホールのカーリング工程
出所：パールフルート本社工場（千葉）に於いて2014年9月筆者撮影。

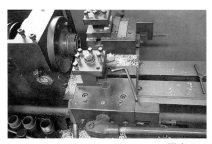

写真3-4　切断作業
出所：パールフルート本社工場（千葉）に於いて2014年9月筆者撮影。

ーンホールの引き上げの発明によって、従来のトーンホールのハンダ付け作業は効率化され量産が可能になったといわれている。トーンホールのハンダ付けはハンドメイド・ソルダードモデルとして別ラインで製造されているが、多くの普及価格帯や販売のボリュームゾーンである総銀モデル「カンタービレ」においては、トーンホール引き上げの作業は重要な工程である。

　写真3-3の右側の写真は、トーンホールを引き上げた後のカーリング処理の機械である。トーンホール部分の金属を引き上げただけでは、先端部分が鋭利な状態でパッドを傷つけることにもなるため、現在の引き上げトーンホールにおいては通常、先端部分のカーリング処理が行われている。そのカーリング加工を行う機械であり、トーンホールの仕上げにおいて重要な工程となっている。これも人間の目を離してできる作業ではなく、工作機械での

 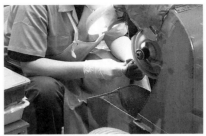

写真3-5　ロウ付け後のキーパーツとやすり掛け（ビニール掛け）
出所：パールフルート本社工場（千葉）に於いて2014年9月筆者撮影。

処理ではあるが技術者の手を介しての作業工程である。

　前の写真3-4は、切断作業の工程である。工作機械によって管の切断やパーツの切断加工が行われるが、技術者の手によって確認しながらの加工であるため、機械だけへの依存ではない。

　写真3-5の左の写真は、キーカップやレバー類にアームやキーパイプがロウ付けされた完成パーツである。キーカップとアームの接合など耐久性が必要な部品類は、高温のロウ付けによって接着される。高温で管の金属が変化する恐れのあるような部分は、リスクの低い低温のハンダ付けで処理される。各パーツにはすでにキーとアーム、レバーやキーパイプが接合されているが、バーナーを使ったロウ付け作業は細かい作業でもあり、職人の念の入る作業である。ロウ付け後に冷却処理をされたこれらのパーツは、さらに検品を受けて修正が施され、最終組み立て段階のパーツになるまで幾度かのチェックが入る。パッドが装着され組み立てられるのは、まだ先である。

　写真3-5の右の写真は、やすり掛けをしている作業工程であり、パールフルートではビニール掛けと呼んでいる。研磨作業で同じようなバフ掛け作業があるが、これとは異なるらしい。パーツをビニールやすりの回転によって削っている作業である。機械による研磨作業は、ある程度の感覚をもって作業しなければ、削りすぎて使えなくなることや、歪んだものに仕上がる可能性もある。機械は高速で回転しており、このような作業は、熟練した職人

第3章　フルート製造の技術　127

写真3-6　治具（パーツの精度を高めるための機具）と穴あけ工程
出所：パールフルート本社工場（千葉）に於いて2014年9月筆者撮影。

写真3-7　トーンホールの引上げ機具とロウ付け後の冷却（水冷）
出所：パールフルート本社工場（千葉）に於いて2014年9月筆者撮影。

の勘を要する場面である。

　写真3-6の左の写真は、各パーツを加工するための治具という工具である。各パーツの精度を高めるための道具であるが、市販されているものではなく、工場内の工作機械による自家製である。その他の工具類についても、各技術者自身が自らのニーズに合わせて工具を作製し、フルート加工の特殊な部分を独自の工具で賄っているのである。治具と呼ばれるこれらの工具は、フルート製作には欠かせない道具である。この治具については、各社の内情があると考えられ、一つひとつが考案され発明された道具といえるため、各社の製造段階における営業秘密の部分かも知れない。

　写真3-6の右側の写真は、穴を開ける工程の機械である。ドリルがセットされ、管に正確に穿孔していく工程である。

写真3-8　頭部管の加工作業
出所：パールフルート本社工場（千葉）に於いて2014年9月筆者撮影。

　前の写真3-7の左の写真は、トーンホールの引き上げ機具の一つであり、パールフルートの本社工場で製作される多くのモデル（マエスタ、カンタービレ、エレガンテなど）のトーンホール引き上げ処理が行われる機械である。撮影時点では技術者の立会や作業の進行もなかったが、管体への穴開けについては音程を決める重要な工程であり、多少なりともズレが生じれば音階のスケール自体に影響を与えてしまう神経を使う作業といえよう。

　写真3-7の右の写真は、前に示したロウ付けされたパーツ（キー部分など）を、水の中で冷却させる場所である。高温に熱せられて接着したキーパーツを、すぐに水の中で冷却して安定化させる工程である。写真では、すでに作業が完了した状態となっている。

　写真3-8は、頭部管の加工途中の写真である。左の写真では、リッププレートが取り付けられて並んでおり、最終的な唄口部分のカットを待つ状態のものである。仮に穴は開けられているが、唄口のサイドカットやアンダーカット、リッププレートの調整など、最終的な頭部管として完成するまでには幾度かの工程を経ることになる。右の写真は、リッププレートが金製の頭部管である。今から唄口のカットを待つ状態のようであり、リッププレートを見た感じでは、まだカットはされておらず、これから穴のサイドのオーバーカットや、ライザー下部のアンダーカット処理がなされていくことになる。

第 3 章　フルート製造の技術　129

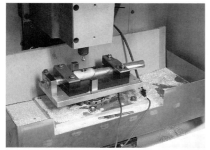 

写真 3-9　頭部管の唄口を修正する工程と作業場全体
出所：パールフルート本社工場（千葉）に於いて2014年9月筆者撮影。

　写真 3-9 の左の写真は、頭部管の唄口を加工する機械であり、唄口の微妙なカットや角度の調整を行う作業工程である。頭部管を人の手でカットしていく作業もあるが、型番による均一性を保ち、削りすぎを防ぐ意味でも機械による制御は確実なものである。もちろん、機械による削りを経た後に、技術者の目と手によって最終仕上げと検品が行われ、パールフルートの頭部管として世に出ることができる。ちなみに、削る金属は銀や金の貴金属であることから、削り屑は下の受け皿で回収できるシステムになっていた。
　写真 3-9 の右の写真は、作業場全体の様子である。フルートの製造現場は意外とこのような雰囲気の工場が多い。製造する製品が大きくなく精密機械であることから、コンパクトに動ける方がいろいろな工程がやり易い面もある。実際にオペラ等の機種は、技術者1人がすべての工程をこなすことになるため、移動距離が少ないことが作業効率にもつながる。量産品を完全分業で製造しているヤマハなどのラインでは、整然とライン別に整理された空間が必要であろう。後述するが、パールフルートの台湾工場においては、各部門別にラインが組まれ、分業作業が徹底されている。機械化もさらに進んでいる印象があるが、何よりも広い工場の空間に部署ごとに配置され、効率的に作業がなされていた。しかし、本社工場においては特殊な注文や、ハンドメイド製品の受注のため臨機応変のスタイルが必要であると理解した。

写真 3-10　パッド取り付け前の仮組と組上げ前のパーツ
出所：パールフルート本社工場（千葉）に於いて2014年9月筆者撮影。

 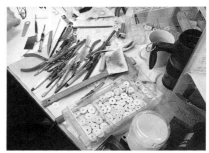

写真 3-11　出荷前の状態とタンポ取り付け作業
出所：パールフルート本社工場（千葉）に於いて2014年9月筆者撮影。

　写真3-10の左の写真は、フルート本体にパッドを取り付ける前に、全パーツを仮組した状態である。見た目はほぼ完成形となっているが、さらに検品し微調整を加えた後に、キーカップにパッドが取り付けられていく。右の写真は、キーカップとポイントアームやキーパイプのロウ付けが終わり、表面の仕上げが終わった状態のパーツである。組み立て時に、各キーにはパッドが取り付けられていくが、現在の状態はその前の段階である。

　写真3-11の左の写真は、フルートが組み上がり、検品後に出荷を待つ状態の楽器である。右はパッド（タンポ）取り付け作業とその工具類である。

　写真3-12の左の写真は、パッドが入って組み立ても終わり、最終チェックの調整を待つ状態のフルートである。最終調整で販売流通網に乗り、さら

第3章　フルート製造の技術　131

写真3-12　最終調整を待つフルートと最終調整の工具類
出所：パールフルート本社工場（千葉）に於いて2014年9月筆者撮影。

写真3-13　ピッコロの反射板を調整（清掃）
出所：パールフルート本社工場（千葉）に於いて2014年9月筆者撮影。

に直接ユーザーの手元に届くことになる。楽器店では複数の奏者に試奏されることも予想され、調整の状態が楽器の評価にもつながってくるため、メーカーとしては神経を集中させる最終段階でもある。右側は調整に使う工具類であり、自作と思われる工具を含めて多数の工具が使われている。

　写真3-13は、ピッコロの最終調整の段階であり、手作業でピッコロの反射板金属の汚れの付着やバリを取り除いて清掃を行っている。地味な作業ではあるが、楽器の一つひとつに手をかける重要な作業である。

　千葉の本社工場において、工場内の見学終了後に當房工場長から話を聞いた。また、工場内では広瀬茂樹元工場長からも話を聞くことができた。

　フルート工場の見学は初めてではなく、他社の大規模なラインや個人工房

など何社かの現場を経験している。製造のラインや工程については、他社との大きな差は見られないが、個人が使用している道具類には特色があり、自社製造または個人製作の特殊な工具が見られた。必要なものは工具から自作するという話は聞いていたが、フルート専用の工具が市販されているわけでもなく、フルートをハンドメイドで作るように工具も自ら作るという技術者魂を感じるものであった。

　本社工場で製造されているのは、ハンドメイド製品や総銀製カンタービレなど上位の機種であり、工程は分業によって効率的に作業がなされていた。どの工程も熟練した手さばきであり、上位機種が次々と製品となっていた。

　工場内では熟練した相応の年齢の社員が多く、一部の工程では女性社員も活躍していた。今までの他社（他業種）の工場見学においては、大抵は無言で何もなかったかのように作業が継続されるケースが多かったが、パールフルートの現場においては、作業を続けている社員との間にも血の通った交流ができた感覚があった。中には手を止めて説明してくれる社員もおり、一人ひとりが会社の代表であり顔であるという意識を感じたのである。

　パールフルート（パール楽器製造）で感じることは、工場やギャラリー、営業担当者のすべてが、会社への深い愛着の下で仕事をしているのがよくわかることである。愛社精神といえば日本的発想であるが、顧客志向が強い会社であり、「カスタマー・ファースト」で顧客への対応も迅速で、社員が会社の顔となって動く印象の強い組織である。社内での教育の成果といえば簡単に終わってしまうが、多くの社員と話をして議論を重ねる中で、その背景にあるのは、自社に対するロイヤルティの高さであるように思えた。中堅企業が長い業歴を重ねていくうえで重要なものは、モチベーションとロイヤルティの高い人材であり、現在までのパール楽器製造のイノベーションの歴史は、こうした社員の力で成し得てきたものといえよう。

（2）パールフルートの海外生産（台湾工場）

　パール楽器製造株式会社は、1968年に千葉本社工場が完成しフルート部

写真3-14　パールフルート台湾工場（台湾真珠楽器）
出所：パールフルート台湾工場（台湾真珠楽器）に於いて2014年8月筆者撮影。

門が設立された。その後、1973年には台湾真珠楽器股分有限公司を設立し、ドラム部門を手始めに海外生産を開始することになる。台湾でのフルート製造は1986年からであり、試行錯誤を重ねながらも他の国内フルートメーカーに先駆けて海外での製造を開始した。

　パールフルートギャラリー大阪の多大なる協力を得て、2014年8月に、台湾での生産現法である台湾真珠楽器の現地調査を行うことになった。日本国内においても、フルートの製造現場や工場内部を詳しく調査することは難しい中で、海外の生産拠点となるとなかなか機会を得られるものではなかった。この現地調査は、大変幸運な機会に恵まれたものであった。

　パール楽器製造の現地法人「台湾真珠楽器股分有限公司」は台湾・台中市の工業団地の中にあり、台中駅から車で30分弱の場所であった。工業団地では広大な敷地に整然と各社工場が並んでおり、その中にパール楽器製造の台湾現地法人の工場があり、写真3-14のように大きなドラム工場の建物が2棟、少し離れた場所に「台湾真珠楽器三廠」と看板のある建物があり、その建物の中にフルート工場が置かれていた。

　パール楽器製造の台湾工場（台湾生産現法）のフルート製造部門は、広い工場内に各ラインが効率的に配置されており、千葉の本社工場をはるかに上回る規模で運営されていた。台湾でのフルート製造はすでに約30年の実績

134 第Ⅰ部

写真 3-15　スチームによるタンポ密着と電気炉による接着工程
出所：パールフルート台湾工場（台湾真珠楽器）に於いて2014年8月筆者撮影。

を有しており、各ラインには長期勤続の熟練工が多数在職し、技術者の中には勤続30年の社員もいるとのことであった。現地法人内では部長級の役職への登用、定年再雇用の制度などによって社員の定着率は高く、勤務している各社員の勤務態度や仕事の動きを観察していると、全体にモチベーションとモラルの高さを感じる職場であった。筆者においては、過去に中国における他業種の工場視察を数回行ってきたが、職場の統率性と効率的な動きを当社のように感じることはなかった。工場での調査は桑野工場長の案内で約半日間であったが、職場の雰囲気と高い社員の質がひしひしと伝わってきた。

　写真3-15の左の写真は、スチームによってパッド（タンポ）を密着させる工程であり、1人の職工が一度に多くのフルートへの処理を行っている。大がかりな機械を使っているわけではなく、手作業に近い状況でかなりの数量を1日にこなしているようであり、熟練した技術が見てとれる。

　写真3-15の右の写真は、電気炉を使用した金属パーツ等の接着工程である。千葉の本社工場では見かけなかった大がかりな機械であり、日本国内の他のフルートメーカーにおいても見かけることはない大型設備である。

　写真3-16の左の写真は、台座（座金）のハンダ付けの工程とその周辺のハンダ付けや部品加工を行う製造ラインである。また、右の写真は頭部管の唄口を削り頭部管の最終調整を行っている工程である。頭部管については機

第 3 章　フルート製造の技術　135

写真 3-16　座金のハンダ付け工程と頭部管の唄口を削る作業
出所：パールフルート台湾工場（台湾真珠楽器）に於いて2014年8月筆者撮影。

写真 3-17　頭部管の機械カット作業とポストの穴あけ工程
出所：パールフルート台湾工場（台湾真珠楽器）に於いて2014年8月筆者撮影。

械での加工に加え、技術者の目と手による感覚的な作業も必要なフルートの最重要部分である。削っているのは工場の中でも熟練した技術者のようであり、微妙な手の動きによって直径1cmほどの唄口の周囲を調整している。

　写真 3-17 の左は、頭部管を電子制御の機械でカットする機械化された工程であり、右の写真はキーポストへの穴あけを行う細かい工程である。

　次の写真 3-18 の左の写真は、製管作業と呼ばれる工程で、管体からトーンホールを引き上げて、さらに先端をカーリングする作業を行い、台座（座金）とポストが立てられた状態まで管体の処理を終える工程である。千葉工場にも同様の機械はあったが、台湾工場では機械の台数と作業スペースも大規模な印象である。写真 3-18 の右の写真が、管体からトーンホールが引き

136 第Ⅰ部

写真3-18　製管作業（トーンホールの引上げ・カーリング）
出所：パールフルート台湾工場（台湾真珠楽器）に於いて2014年8月筆者撮影。

写真3-19　製管の前段階と頭部管の唄口を削る工程
出所：パールフルート台湾工場（台湾真珠楽器）に於いて2014年8月筆者撮影。

上げられ、カーリング加工までを終えた管体である。すでに台座（座金）も管体にハンダ付けをされ、その上にはポストが立てられている状態であり、キーパイプと各キー、スプリングを組み上げればフルートの形となる。管体の最終的な仕上げの工程であり、誤差の許されない重要な作業である。

　写真3-19の左の写真は、前の製管作業の前段階の処理を行う工程である。そして、写真3-19の右の写真が、頭部管の唄口をカットする作業を拡大したものである。前にも述べたが、頭部管はフルートにおいてその音色やコントロール上で重要な位置を占めており、フルートメーカー各社はこの作業に熟練した技術者を配置し、その技術を競っている箇所である。頭部管の唄口を削る作業は、かなり微妙で繊細な作業であり、緊張感と集中力の連続とい

第 3 章　フルート製造の技術　137

写真 3-20　ロウ付け後の冷却とパーツをロウ付けする作業
出所：パールフルート台湾工場（台湾真珠楽器）に於いて2014年8月筆者撮影。

写真 3-21　キーとアームのロウ付け作業と仮組みの状態
出所：パールフルート台湾工場（台湾真珠楽器）に於いて2014年8月筆者撮影。

える作業工程であるため、このように間近で見ることはめったにない。今回はメーカーの好意により、特別に一部始終を見学することができたが、非常に神経を尖らせる作業工程であることには間違いない。

　上の写真 3-20 の左の写真は、パーツのロウ付け後に水で冷却しているところである。冷却中のでき上ったパーツは、形状からブリチアルディキーの一部と見られる。冷却は単純に水道水につけるだけの冷却方法であり、19世紀のオールド楽器と同様の方法により、特別の加工を要さない原始的な冷却法である。

　写真 3-20 の右は、実際にロウ付け作業中の写真である。バーナーで高温に熱して完全に金属同士を接着するが、バーナーの熱気が伝わってくる作業

写真3-22　キーのロウ付け作業（高温作業）
出所：パールフルート台湾工場（台湾真珠楽器）に於いて2014年8月筆者撮影。

写真3-23　ロウ付け作業とパーツに保護テープを巻く作業
出所：パールフルート台湾工場（台湾真珠楽器）に於いて2014年8月筆者撮影。

である。この工程においては、ロウ付けするパーツに位置の狂いは許されず、正確なロウ付け処理が求められる作業であり気は抜けない。

　前の写真3-21の左の写真は、キーカップにアームをロウ付けしている作業であり、右は管体にキーメカニズムが仮組された状態である。上の写真3-22もキーのロウ付け作業で、バーナーによる高温下での作業である。この工程で実際に作業をしているのは女性社員であり、高温の炎の吹き出すガスバーナーを自由に操り、黙々と作業を続けているのが印象的であった。今回の工場調査で気づいたのは、女性の活用が最大限活かされているということであった。このようなガスバーナーを使った作業にも複数の女性が携わっており、その他の重要な工程に女性社員が登用されている。

第 3 章　フルート製造の技術　139

写真 3-24　パーツの穴あけ作業とタンポの取付け作業
出所：パールフルート台湾工場（台湾真珠楽器）に於いて2014年 8 月筆者撮影。

写真 3-25　治具の製作とバフ磨き・やすり（ビニール）掛け
出所：パールフルート台湾工場（台湾真珠楽器）に於いて2014年 8 月筆者撮影。

　写真 3-23の左の写真は、キーのロウ付け作業の続きの画像であり、右の写真は、完成したパーツに青い保護テープを巻く作業である。千葉の本社工場は熟練の男性技術者が多い印象であったが、台湾工場では女性の活用が特に目立つ職場である。
　写真 3-24の左の写真は、パーツに穴あけを行っている工程であり、女性社員が工作機械を操作している。写真 3-24の右の写真は、組み上がった管体の各キーにパッド（タンポ）を取り付けている工程で、パッドの取り付けが終わると、次の最終調整を経て製品として出荷されていくのである。
　写真 3-25の左の写真は、フルートの加工用の工具である治具を製作する工程である。治具は製造加工のうえで重要な道具であり、千葉工場において

写真3-26　ピッコロの完成パーツとピッコロの組立
出所：パールフルート台湾工場（台湾真珠楽器）に於いて2014年8月筆者撮影。

写真3-27　タンポの取り付け作業と組み立て作業
出所：パールフルート台湾工場（台湾真珠楽器）に於いて2014年8月筆者撮影。

も治具は自社の技術者によって内製化されており、台湾工場においても自社製造されていた。写真3-25の右の写真は、ビニール掛けと呼ばれるやすり掛けの研磨工程であり、バフ掛けの磨きのように回転する研磨機によって、パーツ等の加工や仕上げを行っている工程である。

　写真3-26の左の写真は、ピッコロ用の完成したキー等のパーツ一式で、右の写真は、完成したパーツをピッコロの管体に組み上げる工程である。

　写真3-27の左の写真は、ピッコロのパッド（タンポ）を取り付ける作業であり、右の写真は、フルート（アルトフルート）にキーを取り付けていく組み立て作業の工程である。いずれも、楽器としての形ができ上る状態の最終段階に近い工程である。

第3章　フルート製造の技術　141

写真 3-28　最終調整（仕上げ）の作業
出所：パールフルート台湾工場（台湾真珠楽器）に於いて2014年8月筆者撮影。

　写真 3-28 は、パッドが取り付けられて楽器の組み立てが終わり、出荷前の最終調整とチェックを行う工程である。女性を中心に多数のスタッフが作業に携わっているが、最終の調整となるため製品が評価される重要な工程である。最終チェックには、日本から派遣された社員も担当していた。

　工場での調査後に、台湾工場の立ち上げから技術指導まで、台湾でのパールフルートの基礎を築いた桑野尚志工場長から話を聞いた。パールフルートの「一本芯金」や「ピンレス・メカニズム」の高い技術力は、最初に海外で認められており、普及品まで同じメカニズムを採用していたことから、耐久性とメンテナンスの容易さを評価されていた。しかしながら、普及品に至るまで品質を維持したまま価格を抑えるには、徹底した量産体制を確立する必要があった。また、自社製品の付加価値を高めるためには、ハンドメイド部門の充実化も必要であったという背景から、すでにドラム工場のあった台湾が候補となったのである。台湾工場でコストを抑えた低価格帯の普及品を製造し、日本でハンドメイドの高級品開発と製造に特化するという戦略であった。1980 年代といえば、パールフルートが転換期となった時期でもあり、1986 年の台湾工場の開設当時は、ちょうど PF-885 のカンタービレ・モデルがカタログに登場した頃である。その後、「グラーヴェ」シリーズや「マエスタ」シリーズなど次々にハンドメイドの新モデルが登場し、ハンドメイ

ド・フルートのラインアップは充実していった。台湾での量産普及品モデルの充実と価格帯の維持、日本でのハンドメイド・フルートの充実化という、二方面での生産戦略が成功したのである。

　日本企業の海外生産はまだ限定的であった時期であり、台湾での現地生産については、パール楽器製造の大胆な経営戦略と、イノベーションへの高い意識を感じるものである。台湾工場では、各製造ラインが整然と整理されており、その作業の進行には統率性と目標管理の徹底を感じ、社員は黙々と作業を進め無駄のない動きが見られた。30年という長年にわたる社内教育とモラル育成の成果と考えられるが、長期雇用を見据えた運営が功を奏しているものと推察できる。実際に、30年勤続の社員や、定年再雇用者の存在という実績のある職場であり、社員のマネジメントや目標管理がうまく機能しているものと考えられた。言葉の関係もあって現地社員へのインタビューや交流はできなかったが、工場内で会った際には笑顔で挨拶をしてくれるなど、日本的な経営が工場の社員にも行き渡っている印象が強かった。

2．製品戦略とイノベーション

（1）フルートの構造面でのイノベーション

　1847年のベーム式フルートの誕生によって、フルートの構造は決定づけられ、その後は大きな構造の変化はなく、マイナーチェンジを繰り返すことがフルートのイノベーションであった。ベームの開発したフルートは、ドイツのベーム＆メンドラー社によって製品化が進むとともに、フランスの多くの工房において製造されている。これらの工房の技術者達は、ベーム式フルートの枠の中で、音程の安定化や操作性の向上、キーメカニズムの狂いの防止、大音量の確保などの改良を進めた。

　19世紀の金属製のフルートにおいては、銀の板を巻いてでき上がった管体に音孔を開け、トーンホールを管体に開けられた穴にハンダ付けで接合するものであった。これが大きく変わるのは20世紀に入ってからであり、ア

第 3 章　フルート製造の技術　143

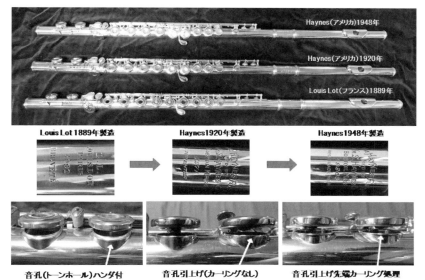

写真 3-29　フルートの構造面でのイノベーション（音孔の加工）
出所：いずれも筆者所蔵楽器。2018 年 1 月筆者撮影。赤松（2019）p. 95 の図 2。

　メリカのヘインズ社を中心に新たな技術革新として、トーンホールを本体の管体にハンダ付けで接合する製法から、管体の各音孔部分を管体本体から周辺の金属ごと引上げて音孔として成形する技術が生まれた。引き上げ（ドローン）トーンホールのはじまりである。写真 3-29 で示す通り、管体に穴を開けてトーンホールを 1 ヵ所ごとハンダ付けする技術は高度であり、作業時間を要するものである。これに比較して、管体本体から機械を使ってトーンホールを引上げて成形することは、作業時間を省力化し、製品の均一化も可能な画期的なイノベーションであった。さらに、引上げたトーンホールの先端をカーリングさせることで、キーの裏にあるパッドを傷めず音孔自体の耐久性を高める工夫がなされた。この技術革新によって製造工程は省力化され、フルートの量産化が可能となり、低価格帯の普及品フルートが広まるきっかけとなったと考えられる。

144　第Ⅰ部

　その他の製品開発の動きとして、フルートの複雑なキーメカニズムをより堅牢にする構造や、ある一定の操作や、ベーム式フルートの構造上で演奏し難い音を容易にするメカニズムの工夫がなされている。例えば、パールフルート（パール楽器製造）における「一本芯金」や「ピンレス・メカニズム」の採用、現在の各社フルートで一般化された「Ｅメカニズム」の採用、キー部分の堅牢性を保つ「ポイントアーム」などがあげられる。これらのメカニズムは、当初は特殊なオプションである場合や、高級ハンドメイド製品に限定されていたが、現在では普及モデルに至るまで一般化しつつある。その他にも各社が特殊なメカニズムの採用や、部品の形状を変える差別化による訴求を行っている。

（2）フルートの材質面でのイノベーション

　材質面でのイノベーションとしては、フルートの材料の変化をあげることができる。第Ⅱ部の第6章において、フルートの管体材質の変化と新たな貴金属等の金属素材を採用することにより、新規に付加価値を創造していることを論じている。管体の金属材料においては、貴金属加工メーカーとの開発によって銀の純度を引き上げた970や997シルバーなどの銀素材、金のフルートでは5Kや19.5K、24Kゴールド、10％の金を含有した新素材など、一般的な工業製品や宝飾品では使用されない新たな金属材料を楽器に採用している。現在の主要なフルートの材質については、表3-1に一覧を掲載している。

　少し前に木管フルートのブームが起こり、国内メーカーでは新たにヤマハとサンキョウが現代的な木管フルートとして新モデルを発売し、海外メーカーにおいてもアメリカのパウエル社などが木管フルートを発売した。従来から国内においては、サクライフルートが木管フルートでは有名であり、日本の伝統木である黒檀や紫檀のほか、象牙やセラミック製などの珍しい材料でフルートを製作していた。セラミックや象牙のような特殊な素材を除いては、基本的な木製の材料については、19世紀のオールド楽器から大きく変わる

第3章　フルート製造の技術　145

表3-1　フルートの材質一覧（材料の拡大）

	材 質	特 徴	採 用 メ ー カ ー
木製	グラナディラ	木管のオーソドックスな素材	サンキョウ、ヤマハ、パウエル、ハンミッヒ
	黒檀	日本・アジア系	サクライ
	紫檀	日本・アジア系	サクライ
	ローズウッド	欧州メーカー・オールド系	サクライ、欧州系
	キングウッド	欧州メーカー・オールド系	サクライ、欧州系
	コーカスウッド	欧州メーカー・オールド系	サクライ、欧州系
銀製・洋銀製	洋銀・洋白	廉価品・スクールモデル	各社が採用
	800銀以下	ジャーマンシルバー・オールド楽器	ドイツ製や19世紀オールドの楽器等
	900銀	コインシルバー	80年以前に使用、古いアメリカ、ドイツ製等
	925銀	スターリングシルバー	各社が採用・一般的な銀素材
	943銀	フランスオールド系素材	マテキ
	946銀	フランスオールド系素材	アルタス
	950銀	サンキョウ他、数社が採用	サンキョウ、ナガハラ、アキヤマ
	958銀	ブリタニアシルバー	アルタス、パール、ミヤザワ
	970銀	日本では2社が採用	パール、フルートマスターズ
	980銀	ミヤザワのibukiモデル	ミヤザワ
	990銀	マテキが採用	マテキ
	997銀	新製法による高純度新素材	フルートマスターズ、アルタス、パール、コタト
	998銀	新製法による高純度新素材	サンキョウ、バーカート（アメリカ）
金・プラチナ製	5％金	5％金・95％銀	ヘインズ（アメリカ）
	5％プラチナ	5％プラチナ・95％銀	ヘインズ（アメリカ）
	G10	10%金、他は銀等	マテキ、ミヤザワ、サクライ、ナツキ
	5K	金属として不安定なため現在はない	サンキョウ
	8K	90年以前のドイツ製に多い	旧ミヤザワ、90年以前のドイツ製（メナート）
	9K	14Kに次ぐ一般的な素材	ムラマツ、ヤマハ、ミヤザワ等
	10K	14Kに次ぐ一般的な素材	サンキョウ、パール
	14K イエロー	金製フルートの主流	各社が古くから採用
	14K ローズ	銅の含有量が多い（現在の主流）	パール、ムラマツ等
	14K ホワイト	特殊なオーダーによる	オーダーによる
	16K	最近にフルートの素材として登場	ナガハラ
	18K	各社が採用（早くからフルートに採用）	ムラマツ、パール、サンキョウ等
	19.5K	アメリカ製に一部見られる	パウエル（アメリカ）、ブランネン（アメリカ）他
	20K	最近にフルートの素材として登場	ナガハラ
	24K	新製法による素材で硬度を保つ	ムラマツ、サンキョウ、ミヤザワ
	PT900	最高価格帯、加工は困難	ムラマツ、アルタス、ミヤザワ、パウエル等

出所：各社ホームページ、カタログにより筆者作成。

ことはない。

　金属材料の中でも洋銀製については、従来から大きく変わることはなく、古くからジャーマンシルバー、ニッケルシルバーとして銀の代用のように使われることが多かった。洋銀は、銅にニッケルを10〜20％、亜鉛を15〜25％を加えた合金であり、洋白とも呼ばれている。19世紀のフレンチ・オールドに使用される洋銀はマイショー（フランス語のMaillechort）と特殊な呼び方がされており、現代の洋銀・洋白とは配合が異なるといわれている。銀よりも質量は軽く、指で頭部管を弾くと「チーン」という甲高い音がする。フルートとしては軽い楽器となり、明るい音色でよく鳴る楽器である。また、洋銀製は腐食止めやすべり止めの意味からも、銀メッキが施されることが多い。銀メッキが施されることで、音色はさらに明るさを増して軽快な音になるかも知れないが、抵抗感が少ないため初心者が扱いやすい楽器といえる。金属としても安価であることから、初心者向けの普及品フルートに使用される例が多い。しかしながら、洋銀の音を好む奏者もおり、フレンチ・オールドの時代と同様に、洋銀の管体にトーンホールをハンダ付けした洋銀のハンドメイドタイプを使用している例も見られる。サクライフルートにおいて、長らく洋銀製のソルダード・トーンホールのフルートが作られている。

　銀製のフルートについては、1980年代のカタログや各メーカーの価格一覧表に載っているのは、925銀のスターリングシルバーのみの1種類であった。少し前の楽器であれば、900銀のコインシルバーを見かけることもあったが、1970年代、1980年代の主流はスターリングシルバーであり、当時の貴金属のアクセサリーを含めて純度925の銀が一般的であった。この傾向に変化が現れるのは、1990年に登場したアルタスフルートであり、958銀のブリタニアシルバー製のモデルが管体または頭部管として選べるようになっていた。また、19世紀のルイ・ロットの銀の素材を研究した結果、当時は銀の食器類を溶かして銀管にしていたため純度が不統一で不純物が混ざっていた。その純度の一つの指標が943銀であり、これをマテキフルートが943銀で巻き管にしたモデルとして発売した。この頃から銀は925銀にこだわるこ

第3章 フルート製造の技術 147

となく、過去の名器といわれるフルートに近づけるべく、943 銀や 946 銀、950 銀などの配合による銀管が開発された。

その後は、さらに純度を上げた銀である 970 銀や 990 銀、さらに高純度の 997 銀や 998 銀のフルートが登場していった。998 銀のような高純度の銀では、従来であれば柔らかすぎて加工もできず耐久性に問題があったが、田中貴金属工業との開発によって、硬度を保ったままで純度の高い銀のパイプが作れるようになったのである。確かに、銀の純度が変われば残りの金属の割合も変わるため、響き方や音色に違いが出てくるのがわかる。純度が上がると密度も上がったような感じになり、管の反応がよくなるとともによく響く印象にもなる。各メーカーで採用される銀は異なっているが、従来の 925 銀とはイメージの異なる音が出てくるのも事実である。この後には、高純度の銀によるフルートが各メーカーから発売され、それぞれ「ピュアシルバー」や「プリスティーンシルバー」などの独自のネーミングがなされ、新たな軸でブランド化されていった。

金製のフルートについては、従来は 14K や 9K または 10K ゴールドのフルートが主流であった。少し前には、メナートなどのドイツ・フルートで 8K（333 ゴールド）を見かけ、日本でもミヤザワフルートが 1980 年代に 8K を採用していた。1990 年代までの日本やアメリカの金製フルートの主流は、14K や 9K、10K であり、18K も珍しいほどであった。金は高価な貴金属であり、金相場によって価格も大きく変動する。金の純度をさらに低くした金合金の一種として、金を 10％配合した G10（2.4K）がマテキフルートから発売され、ミヤザワフルートからも GS モデルとして発売されている。見た目は銀色であり、10％ゴールドは表面上ではわからないが、金の音色を求めての特殊な合金である。さらに、金色にこだわったのがサンキョウフルートによって製造された 5K ゴールドフルートである。1995 年に 5K ゴールドとして発売されている。5K ゴールドというのはフルートの世界だけかも知れず、一般的なアクセサリーや金製品で見かけることはない。金の純度でいうと 5／24 カラットであるので金の含有は 20.8％程度であるが、銅の

148 第Ⅰ部

割合を多くしその他の金属の配合で金色に近く見せた金合金である。5K の
管体は管厚 0.38 mm であり、20 ％程度の金では重量感が出ないのか銀管と
同じ管厚で作られていた。現在ではカタログにはないが、求め易い価格帯で
金のフルートを手に入れたいと願うユーザーは多いはずであり、そのニーズ
にかなった金製のエントリーモデルといえる。同じように金の音との折衷を
狙ったのが、アメリカのパウエルフルートによるオーラマイトである。オー
ラマイトは、1986 年にパウエル社が金と銀を金属的に結合させた材質を開
発し特許を取得しており[1]、当初は外側がシルバーで内側が 14K ゴールド
の管体であった。その後の 3100 モデルやコンセルヴァトリー・モデルにお
いては、外側が 9K ゴールドで内側がシルバーであり、外観上は 9K ゴール
ドのフルートに見え、金の音色と銀の音色を融合させた音色に仕上がってい
る。

　14K ゴールドのフルートは金製として一般的であり、アメリカのパウエ
ル社やヘインズ社も古くから製造していた。日本においては、サンキョウフ
ルートによって早くから 14K ゴールドのフルートが製造されており、1980
年当時の管楽器価格一覧表に総 14K 金製モデルが 502 万円で掲載されてい
る。同じ 1980 年の価格表では、ミヤザワフルートが管体 14K 金製のフルー
トを掲載している。ムラマツフルートやヤマハには金製の価格はなかったが、
当時、金製フルートなどは受注生産による楽器であることから、カタログで
一般に売れる楽器ではなかったものといえる。

　ゴールドフルートではサンキョウフルートに定評があり、古くから金製の
ラインアップは多い。サンキョウフルートでは、1995 年に世界初となる
24K ゴールドのフルートを発売し、同年にプラチナフルートも発売してい
る。24K ゴールドといえば純金であり、一般的に純金は硬度がなく変形し
易いと理解されるが、フルートの管体用に開発された 24K ゴールドは、粉
末冶金等の特殊製法によって高い硬度が確保された金の管体であった。当時
としては画期的であり、14K が主流であった時代からすれば大きなイノベ
ーションであった。しかしながら、24K ゴールドの質量は大きく、その重

量感のあるフルートを吹きこなすには、相応の技術と体力も必要といえるであろう。

　ゴールドフルートのもう一つの動きとして、一般的な貴金属では見かけることのない、16K や 19.5K ゴールドという新たな純度の金が採用されていることである。この特殊な金合金はアメリカのメーカーの製品によるものであるが、9K、10K、14K、18K という枠組みから外れて、新たな音色を求めた結果として生まれた素材である。前の表 3 - 1 の一覧表にもあるように、現在フルートの材料として使われている金の種類は多く、同じ 14K ゴールドであっても銅の割合によって赤味を帯びたローズゴールドや、黄金色のイエローゴールド、銀白色のホワイトゴールドに分かれる。金属の配合が異なるので、外観の色目だけでなく当然に音色にも影響を与えることになり、ユーザーにとってはこれも大きな選択肢となる。同じように、プラチナ製のフルートも各メーカーから発売されるようになったが、プラチナについては加工が難しく、吹く側にとっても質量の大きい楽器のためにパワーとコントロールの技術を要する楽器である。現在は、硬質なプラチナを表面にメッキすることで、プラチナによる音色の変化を求めた楽器にも人気がある。

　これらの新たな材料に加え、18K や 22K の金メッキ、プラチナによる特殊メッキ仕上げなど、メーカー各社よる独自のイノベーションが継続的に行われている。メッキによる加工は音色の変化を求めるうえで、楽器メーカーによる製品の付加価値として、当初からメッキを施したモデルをよく見かける。ムラマツのプラチナメッキの PTP モデルやアルタスの GPT モデルは、カタログ掲載の定番モデルとなっているが、パールフルートなどでもオプションで 18K や 22K ゴールドのメッキが可能である。楽器店とのコラボレーションや期間限定品として、出荷時から金メッキを施して販売しているケースもよく目にする。メーカー間の競合も激しいことから、より高い付加価値を求めた製品開発が行われているものと理解できる。

　これらの新素材によるイノベーションの動きは、楽器業界においてもフルート業界に特に目立つ動きであり、日本に多くのフルートメーカーが併存し

150　第Ⅰ部

ながら競争を続ける中で、よりよい結果となっているものといえよう。

（3）その他のイノベーションの動き

　フルート管体における管の厚みにおいても、0.38mm や 0.40mm、または 0.30mm、0.45mm といった幅広い選択肢を持たせており、フルートの音色や音量における選択の幅が広がっている。これらは、フルートメーカー各社と金属加工業者との擦り合わせによるイノベーションである。金属の素材も音色に大きな影響を与えるが、管の厚みも響きに影響が大きい。薄い管ほど容易に響かせるが、大音量や太い音色では劣るかも知れず、厚い管になれば重厚感のある響きと音量を確保できるといった変化を求めることができる。管厚で優劣は決まらないが、それぞれに音の傾向の違いや響きに特色があるため、管厚の選択も大きなオプションである。

　前の章でも紹介したが、最近では台湾のフルートメーカーである GUO 社（GUO Musical Instrument Co.）によって、樹脂製の本格的なフルートが製造されている。玩具の領域ではなく、正規のフルートの構造と音域・音色を備えたフルートであり、価格帯も通常の金属製フルートと同水準である。メカニズムについても樹脂製であるが完成度が高く、シリコンの簡易なパッドも発音に問題なく機能している。これもひとつのフルート製造におけるイノベーションといえ、さらなる新素材による製品開発の可能性を有する分野でもある。日本のフルートメーカーにおいては、金属製や木製の従来の西洋楽器の範疇を超えることはなく、金属の配合度合や銀の純度などでの差別化を図る程度に過ぎない。これは技術者としてのこだわりであり、従来の概念を大きく超えた「樹脂製」という新たな試みには抵抗があることが推察できる。台湾メーカーのベンチャー的な発想において成し得たものであるかも知れないが、この新たな領域のフルートは全世界で販売されており、アメリカなどを中心に新たなフルートとして浸透しつつある。

　19 世紀のベーム式フルートの誕生から現代に至るまで、フルートメーカーは新たな付加価値を訴求して開発を続けており、楽器という規定された枠

組みの中でも、イノベーションが継続的に行われてきたことがわかった。量産化を実現するための改良、操作性や楽器の堅牢性を高めるための改良、さらに、音量や音程、音色といった微妙な違いを求めて新たな材質や部品を用いたイノベーションが行われている。この数十年間においても、微小な改良を含めて多数の技術が革新され、年間に複数の新モデルが市場に投入されてきた。西洋楽器の領域においては、オーケストラの各楽器の根幹的な部分の改良は認められないが、その制限の中においても、数十年単位で見ると多くの部分で変更が加えられていることに注目できる。フルート製造というニッチな市場において、メーカー各社がイノベーションの担い手となって常に開発を繰り返すことで、最新の顧客ニーズに対応した楽器市場が維持されているといえる。

〈第3章の注〉
（1）　ドルチェ楽器のパウエルフルート HP を参考にした。

— 第Ⅱ部 —

第4章
フルート製造の研究について

1. フルート製造についての研究の背景

　楽器産業の研究については、経営学的視点から調査を行った事例は少なく、過去の研究においては、楽器産業のうちでも規模の大きいピアノ製造に関する研究が中心であった。最盛期のピアノ業界は、メーカーや楽器小売店、ピアノ教室、ピアノ輸送業、ピアノ調律業者、防音工事業者など、業界の裾野は広かった。過去の研究の中には、ピアノ製造の量産化とコストダウンの研究や浜松地域の産業集積、ピアノの割賦販売等の特殊な販売システム、音楽教室を併用した楽器の拡販などのテーマでいくつかの研究がなされていた。

　国内には零細なピアノ製造業者も多くあったが、高度成長期以降の大量生産とコストダウン化されたピアノ製造には、それなりの設備と資金を必要とした。ヤマハや河合楽器といった日本を代表する楽器メーカーは、企業としての情報公開もされており、経営学の研究者にとっては研究対象として十分な存在であったといえよう。

　そのような楽器産業の中で、フルート製造を経営学的視点から研究対象とした例は見られず、新たな研究領域ともいえる。市場規模として小さく、業界として研究対象とするには学術的な貢献度が低いのかも知れないが、日本のフルートメーカー各社が国際的に活躍し高い評価を得ているという状況や、長年の技術の蓄積とその伝承が、業界内で連綿と続いているという点に大きく着目できるのである。それは、伝統工芸の分野や伝統的な芸術の世界と同様であり、市場規模や業界に従事する人数等の問題ではなく、研究を深めることで他業種に通じる研究成果を得ることができるかも知れないのである。

　第5章において、技術伝承という視点からフルート製造を考察しているが、フルートの手工業としての技能は、日本の伝統工芸である漆器や陶磁器にお

ける技術伝承に通ずるところがあり、多面的な比較による考察を行っている。フルート製造と伝統工芸の分野では、歴史や背景も異なり、顧客となる層も違うが、製造面のみに着目すると共通点は大きい。大木（2009）によるイタリアのクレモナにおけるヴァイオリン製造の研究においては、クレモナ市のヴァイオリン製造は 500 年の歴史を有し、すでに伝統工芸と呼ぶべき産業となっていることがわかる。ヴァイオリンの製作自体がイタリアでは伝統工芸の領域ともいえ、楽器製造という特殊な分野であり顧客は音楽家に限られるとしても、技術の伝承においては日本の伝統工芸と同様の要素がある。そのような理由を背景にして、フルート製造を技術の伝承と、既存メーカーからの独立・起業による派生という視点から調査している。

　また、フルート製造を製品アーキテクチャの理論から考察し、大木・山田（2011）の既存研究によって、「楽器産業はインテグラル（擦り合わせ）型である」という理論を、さらに掘り下げて検証している。確かに、従来の楽器製造のスタイルは擦り合わせ型の典型であったが、この 30 年間にわたってフルート製造の現場を観察し、店頭に出てくる新たな楽器を見てきた印象では、すべての工程が擦り合わせ型とはいえなくなっていると感じている。メーカー内においては分業による作業の単純化や業務の共通化が図られ、部品の調達や外注加工についても変化が生じている。そのような疑問を新たな切り口で見ていくことによって、第 5 章の結論に導く検証を行っていった。

　国内の楽器産業は、1980 年代のピーク時からは大きく衰退し、楽器の販売は全体的に落ち込んでいる。少子化や趣味・習い事などの多様化によって、特に顕著に販売が減少したのがピアノ製造であるが、フルート製造においてもピーク時からの販売数量の減少は大きい。アコースティック・ピアノの市場規模が縮小したのは、代替品となる電子ピアノの市場の拡大とも反比例しており、顧客となる層の減少とともに代替品市場の出現も要因として大きい。フルートにおいては代替となる製品はなく、あくまでもフルートのユーザーが減少したことが要因としては大きい。しかしながら、販売数量の低迷にもかかわらず、フルートメーカーはまだ多数が現存しており、各社の販売数量

は落ち込んでも、販売金額については業績を維持しているメーカーが多い。これについては、フルートの販売単価が上昇したという仮説に基づいて、販売の数量ベースと販売金額の実績を検証していった。この調査と考察が、後の第6章における研究成果である。

　さらに、販売単価の上昇という仮説を明らかにすべく、フルートの付加価値の源泉となる機能や外観上の変化、材料の変遷を調査した。約30年間の各メーカーの年代別のカタログや雑誌広告、管楽器の価格一覧表などの文献を調査し、さらに、楽器メーカーにおける調査や、フルート専門の楽器販売店へのインタビュー調査によって基礎資料をまとめることができた。その結果については第6章において明らかにしていくが、統計をとることで興味深い結果を得ることができたといえる。この際に、フルート製造以外に、サクソフォン製造についても同期間の調査を行い、比較検討するうえでの参考としたが、本書ではサクソフォンの部分は省いている。

　これらの新たな考察によって、フルート製造の変遷を経営学的側面から検証することができ、いくつかの新たな事実発見をすることができた。これらは、フルート製造という限定的な分野においての研究成果ではあるが、先に述べたとおり、その他の業種にも通じる理論につながり、今後、同様のニッチ市場の製造業分野等での研究に貢献できるものと考えている。

2．日本のフルート販売の変遷

　長らく日本におけるフルート販売は、楽器卸を通じて楽器小売店で販売される形態をとっていた。ムラマツフルートにおいても、1951年当時にプリマ楽器（大橋次郎商店）との代理店契約によって「PRIMA」ブランドで販売されていた。同様にプリマ楽器を代理店として、サックスのヤナギサワ（柳澤管楽器）やフルートのコタケ（小竹管楽器製作所）がプリマブランドで楽器を販売していた。1965年からは、ムラマツフルートの国内楽器販売店向けの代理店契約はモリダイラ楽器に移行し、プリマ楽器では新たにサン

キョウフルートとの代理店契約を行い、PRIMA のブランドが現在もサンキョウフルートに冠されている。また、楽器卸の株式会社グローバルにおいては、過去にはミヤザワフルートの代理店として販売を支えていた時期があった。1990 年からは、グローバル社はアルタスフルートの代理店として国内での販売を全面的に担っている。このように、楽器卸が販売面を全面的に支援することで、フルートメーカーは製品開発と製造に特化できる利点があり、新たな創業がし易い環境でもあるといえよう。

　ムラマツフルートにおいては、楽器卸を通じた全国の楽器店への販売ルートに加え、1965 年に新宿に直営店舗を開設している。ムラマツフルートでは、村松楽器販売という販売会社があり、現在はこの販社が新宿店や大阪店、名古屋店、横浜店の直営店舗を展開し、楽器販売や楽譜・CD、周辺商品の販売、音楽教室を運営している。また、ムラマツ・メンバーズ・クラブという有料の顧客組織があり、季刊の機関誌の発行と通信販売等を行っており、顧客層の囲い込みと独自のブランディングがなされている。フルートにおいては初心者向けの導入商品から、総銀製ハンドメイドや金製といったランクアップが想定されており、自社製品における囲い込みを行うことは、ブランド戦略における顧客の回遊戦略として重要な販売戦略である。

　ムラマツフルートと同様の動きとして、パールフルートにおけるフルートギャラリーの開設がある。1994 年に東京に開設され、続いて大阪にも開設された。フルートギャラリーは販売店舗という位置づけではなく、ショールームのような存在であるが、音楽教室も併設し、楽器の試奏や修理の窓口となっている。このギャラリーによって、顧客への情報提供が行われるとともに、逆に顧客からのニーズがメーカー側に伝えられる機会となる。ユーザー・イノベーションの機会ともなり、実際にパールフルートでは顧客ニーズに対応すべく、楽器へのいろいろなオプションの提供や、モデルチェンジの即応性に魅力のあるメーカーとなっている。

　その他のメーカーにおいても、修理の受付や楽器のショールーム的な存在として、サンキョウフルートでは都内の池袋に「フルート工房三響」を開設

第 4 章　フルート製造の研究について　159

写真 4 - 1　楽器店でのフルートメーカーの販促活動
出所：三木楽器・心斎橋 Wind Forest にて筆者が2019年 4 月撮影。

しており、ミヤザワフルートも同じ池袋に「アトリエ東京」を設置している。
　ヤマハにおいては、グループのヤマハミュージックリテイリングの直営店舗を全国に展開しており、銀座店をはじめとして多くが大型店舗である。ヤマハは直営店舗だけでなく、全国の楽器店への強力な流通網を有しており、その販売力はフルートメーカーの中でも特に際立っている。
　また、ハンドメイド・フルートの専業メーカーを中心として、従来から顧客からの直接の受注を受ける動きがある。零細・小規模なメーカーにとっては、顧客のオーダーに応えた受注生産による機動性がセールスポイントとなる。その中でもマテキフルートにおいては、当初の国内販売は各地の音楽教室などを代理店としており、特殊な販売形態がとられていた。
　上の写真 4 - 1 は、楽器店におけるフルートメーカーの販促である「フルート・フェア」の状況である。この写真はパールフルートのフルート・フェアであり、調整会と楽器の展示会、試奏・即売会を兼ねている。工場の技術者が顧客のフルートを 30 分刻みで調整・修理し、記念品の配布もあるなど、貴重な販促活動の機会でもある。他のメーカーも同じように各地の楽器店でイベントとして開催し、個別に調整会や楽器の展示・試奏会を行っている。楽器店側としても、自店舗で高額なフルートを販売できるチャンスでもあり、メーカーも楽器店も重要なイベントとなっている。特に大手の楽器店においては、各社を同時に呼んで楽器店独自のフェアとして開催することや、各週

末にメーカーごとのスケジュールを組んで開催している。

　このようにフルートの販売においては、高額品でもあることから楽器店の店頭やメーカー直接の販売が主流であるが、その中でも昨今の販売形態には変化が生じている。初心者向けの普及品を中心にして、インターネット通販でも手軽に購入できる時代となった。特に中古市場においては、商品の所在地が離れている場合も多く、インターネットによる画像の紹介によって購入するケースも多くなりつつある。大手の楽器店においても、積極的にインターネット上の店舗を活用する傾向にあり、今後も新たなチャネルとしてWEB上の店舗がさらに重視されてくるであろう。

3．フルート市場の現況について

　現在のフルート市場の状況について詳細を確認すべく、東京と大阪の大手の楽器店において、長年にわたりフルート販売に携わるスタッフにインタビュー調査を行った[1]。筆者の長年の調査実績を加えて、実際の販売現場の状況を確認することでいくつかの新たな情報を得ることができた。

　東京都内でフルートを専門的に扱う大手楽器店においては、20万円前後の中価格帯より上のクラスのフルートが売れており、今は低価格の普及品はあまり売れていない。以前は、低価格の7万円台のフルートが飛ぶように売れた時期もあったが、今は全体的に高額商品が売れており、高校生に親が100万円のフルートを買い与えるケースもある。売れ筋のメーカーとしては、ムラマツフルートに安定した人気があり、常に一定の販売がある。その他のメーカーは大きな差は見られないが、サンキョウフルートやヤマハの新しい500番台のモデルが売れ始めている。楽器の仕様としては、最近はEメカニズム付きが当たり前のようになっており、オフセットのリングキーも一般化している。C足部管とH足部管の選択においては、最初はC足部管を買い求めるケースが多い。

　ハンドメイドクラスの総銀製フルートにおいては、ムラマツの人気が高く、

100万円を超えるクラスにおいてもムラマツの購入層は根強く、その他はアメリカ製のパウエルフルートやナガハラフルートに人気がある。海外製品では一時期はアメリカのブランネンフルートに人気があったが、現在の販売数はそれほどでもない。ハンドメイドクラスの楽器では、初心者や学生が購入するケースは少なく、やはり大人の趣味層が主体となっている。一方で、総銀製の低価格帯のフルートではパールフルートのカンタービレの人気が高い。

　オールド楽器の市場としては、1990年代の最盛期のブームから年数が経ち、今は若年層がオールド楽器に興味を示さず、過去のブームを知っている中高年以上の層で流通している。今後は購入層が少なくなっていくことで、価格は下がっていくことが予想される。フレンチ・オールドの楽器では、よい状態の銀製のルイ・ロットは入荷も少なく、特に古い製番はコレクターの手元に残っていて市場に出てこない。ドイツ・フルートでは、ヘルムート・ハンミッヒは数も少なく人気があるため高値で取引されており、入荷後の販売も早い。アメリカのヘインズフルートは、この数十年で多くの楽器が輸入され日本国内でも多数流通しているが、逆にアメリカ本国で流通しているフルートが少なくなっており、現在でもそれなりに価格が維持されている。

　フルートの頭部管の市場については、頭部管単体での販売はフルート本体の販売数量の1割程度であり、時期や頭部管のブームによって販売数は変わる傾向にある。東京でフルートを専門的に扱う楽器店においては、海外の頭部管専業メーカーの輸入品や、国内メーカーの各モデル、中古の頭部管の在庫も多く、18Kゴールドから銀製まで多くの頭部管を扱っている。中古の銀製頭部管で数万円台のものから、フルート本体の価格を超えるような価格帯の頭部管まで品揃えしており、実際に多くの頭部管が日々販売されている。国内における頭部管の取り扱いは、東京都内や大阪市内のフルートを専門的に扱う楽器店が中心であり、すべての楽器店で多くの頭部管が扱われているわけではない。特に、中古の頭部管や海外製の高価格帯の製品などの取扱いについては、取り扱う楽器店はさらに限定されている。

　現在のフルートメーカー各社は世代交代が進んでおり、創業者の初代から

すでに代替わりしているメーカーが多い。社員についても同様であり、高齢化と退職が進み、ハンドメイド・フルートを設計し、一人ですべてを作れる技術者が極めて少なくなっている。機械化や電子制御、分業化による作業の単純化を進めているが、一方で本来的な技術の継承が難しくなりつつある。新たな技術者が育つ環境が乏しくなっており、日本の多くの製造業が抱える問題と同様ではあるが、日本のフルート製造業界にとってはこれからの製品水準の維持と、新たな製品開発を担う技術者の確保が課題であるといえる。また、今までのように、メーカーの技術者が対面で顧客に向き合う営業活動や広報分野においても、技術者を前面に出した広報が限界となることも想定され、新たな販売戦略が必要となる時代が到来しようとしている。

　海外のフルートメーカーにおいては、ナガハラフルートやバーカートフルートなどは、製作者の顔を外部に見せて広報し、その技術力と技術者を前面に出した営業をしている。しかしながら、パウエルフルートやヘインズフルートは過去に経営者が頻繁に入れ替わってきたこともあり、製作者（技術者）は前面に出ておらずブランドで売る傾向にある。製作者がいなくなれば、メーカーは衰退することになりかねず、今後はブランドで売っていくメーカーが存続の可能性を高めるであろう。

〈第 4 章の注〉
（1）　直近においては、山野楽器銀座本店で 2019 年 6 月 8 日に、三木楽器の心斎橋 Wind Forest で 2019 年 4 月 13 日にインタビュー調査を実施した。

163

第5章
フルート製造の技術伝承と生産戦略

　本章においては、既発表の学術論文をもとに加除修正をおこなっているが、単独の原著論文がベースとなっていることから、他の章と一部重複する記述や説明が存在する。当初の論文における学術的な枠組みを維持するため、重複箇所についてはあえて省略せず、学術的な論理展開の流れを残している。

1. 日本のフルート製造について

　本書で着目する国内のフルート製造業においては、総合メーカーであるヤマハのほかは中小メーカーが大部分であり、数人規模の零細業者も多いのが特徴である。日本におけるフルート製造は、1924年にムラマツフルートの創始者である村松孝一による国産第1号のフルート製造に始まり、他にも戦前では日本管楽器（ニッカン）がフルートを製造し、西洋楽器としては国産による古い歴史を有している。これらのメーカーから独立した職人によって新たな工房や会社が設立され、近年まで国内にフルートメーカーの創業が続いてきた。各メーカー内で技術が受け継がれるとともに、独立・起業によって新たなメーカーに枝分かれしながら技術が伝承されるという、楽器産業の特徴が見られることも興味深いものである。

　日本のメーカーによるフルートは、製品の完成度の高さから海外の著名な演奏家が好んで日本の製品を購入しており、日本のフルートメーカーは1980年前後から国際的な高い評価とシェアを得ることとなった。企業規模は中小・零細業者であっても、日本のフルートメーカーの中には国際的評価を得ている楽器ブランドも多く存在している。フルート製造というニッチな市場において、世界的な評価を得るに至った高い技術力と、その技術伝承の

164　第Ⅱ部

経緯は注目に値するものである。

　本研究では、フルート製造業という西洋楽器の分野において日本企業が品質的に高い評価を受け、新興国企業が台頭する現在でもその地位を維持していることに着目し、技術の伝承と独立・起業の系譜、生産における戦略に焦点を当てて考察することとした。本研究における研究の目的は 2 点あり、 1 点目は、技術の伝承が社内だけではなく、独立・起業の過程で技術が受け継がれ発展してきたことを確認することである。 2 点目は、フルート製造を製品アーキテクチャの概念から考察し、工程における擦り合わせ型の要素とモジュール化による水平分業の動きを確認することである。

　楽器製造を経営学的視点から考察した先行研究はピアノ製造に関して多く見られるが、フルート製造をテーマとした学術的研究や資料は極めて少ない。本研究におけるフルート製造の変遷や技術に関する基本的知見については、筆者が長年にわたって各楽器メーカーの技術者や営業担当、ユーザーである多数の演奏家から聴取し、確認してきた内容をもとにしている。製造に関する情報についてはメーカーの工場において調査を実施し、製造工程や材料調達の変化、技術の伝承についてのインタビュー調査と作業工程の確認[1]を行った。国内フルートメーカーの業界全体に関する歴史や技術の変遷、製品に関する戦略的動きについては、国内の主要楽器店のうちフルートを多く取り扱う専門店舗においてインタビュー調査[2]を実施した。

　これらの楽器メーカーや専門販売店等におけるインタビュー調査をもとにして、既存のフルートに関する文献資料を合わせて検証し、製品アーキテクチャの概念や技術伝承の先行研究からの考察を行い、本研究での結論を導いている。

2．主な先行研究

　楽器メーカーの既存研究では、国内最大の楽器メーカーであるヤマハについての企業研究や、従来の国内楽器産業の中心であったピアノ製造やその販

売戦略に関する研究が中心である。最近では、ヴァイオリンやウクレレなどの製造についての研究も見られるが、フルートなどの管楽器製造に関する経営学的視点からの研究は少ない。

藤本（2001）によれば、製品設計の基本思想である「製品アーキテクチャ」の概念は、部品設計の相互依存度により、「擦り合わせ型（インテグラル型）」と「組み合わせ型（モジュラー型）」の大きく二つに分類される。擦り合わせ型は、部品間で相互に調整を行い最適な設計をしなければ製品全体の性能が発揮されず、機能と部品が「１対１」の関係でなく「多対多」の関係にある。一方の組み合わせ型では、部品（モジュール）の接合部（インターフェース）が標準化されており、これを寄せ集めて組み合わせれば多様な製品ができることから、部品が機能完結的であり機能と部品の関係が「１対１」に近いものである。

大木・山田（2011）は、製品アーキテクチャ論から楽器製造を考察し、楽器製造は典型的な擦り合わせ型製品と位置づけられるとして、ピアノやヴァイオリンなどの製造工程を事例として論じている。ピアノにおける多数の部品の微調整と木材の加工や乾燥技術のような擦り合わせ過程、ヴァイオリン製造における職人の擦り合わせの妙を事例として、楽器メーカーの製造工程における擦り合わせの要素を示している。また、大木（2011）は、ウクレレ製造業を事例としてとり上げており、ウクレレの製作における道具への工夫、模倣ではなく革新によって楽器が進化することを論じている。さらに、大木・柴（2013）においては、世界的ピアノメーカーであるスタインウェイ社を事例として、現代に求められる大音量を実現しつつ速く繊細なタッチを具現化したグランドピアノにおける技術革新の経緯を論じている。これらは、楽器製造の技術革新が、自社内での長年の擦り合わせ作業の成果として実現したことを示している。

大村（1998）は、ピアノ製造業の技術革新の特色を論じており、製造工程における木材の乾燥工程に人工乾燥技術を採用したことによって生産期間の大幅な短縮が可能となり、日本のピアノメーカーの量産体制が実現されたこ

とを示している。これは、擦り合わせの妙による独自技術の開発の事例といえる。また、丹下（2015）の研究は、日本のフルート製造の歴史的背景を論じたものとして数少ないフルート製造に関する先行研究である。檜山（1990）は、楽器産業全体について国内産業の歴史と個別企業の状況を示しており、フルート製造をはじめとして材質や構造への言及をするなど、楽器産業を横断的に考察している。

　楽器製造の技術伝承に関する先行研究では、大木（2009）によってイタリア・クレモナのヴァイオリン工房における技術伝承が論じられており、産業クラスターという視点から古くからの伝統的製法の継承について検証されている。クレモナのヴァイオリン製作においては、現在では製作学校の役割が大きく、クラスターには外国人製作者も集まり、工房間も比較的オープンな環境であると指摘している。その他、類似した手工業品の伝統産業として、大木（2012）の有田焼に関する技術伝承、樋口（2015）の山中漆器、関根（2016）の丹波焼に関する研究がある。いずれの研究においても、従来の徒弟制度の基本形から工業高校や職業訓練校、美術系学校などによる外部の基礎教育へと変遷しつつあることや、産業集積の効果として業者間での協力を指摘している。

　フルートの製造現場においては、ヤマハなどの量産体制が整った大手の人材育成が企業内の OJT で計画的に行われているのに対し、メーカーの大部分を占める中小・零細工場においては、徒弟制度による技術伝承の環境が根強く残っている。楽器製造における技術の伝承は、長期雇用や長期取引に基づく慣行から、自社内での技術の伝承が行われ、外部調達先についても長年の取引継続による技術の蓄積が存在するものといえよう。

　これらの楽器製造に関する先行研究では、楽器製造における業界の特殊性や、製品アーキテクチャの概念から擦り合わせ型の産業であることが論じられている。

第5章　フルート製造の技術伝承と生産戦略　167

3．国内フルート製造業の系譜と技術の伝承

（1）フルート製造の歴史

　フルートは、17世紀のバロック期にサロンの宮廷音楽として興隆し、木製の円筒を円錐に絞り、7つの穴と1つのキーが付いたバロック・フルート（トラヴェルソ）が誕生する。18世紀に入ってフルートの開発はさらに進み、それまでの1つのキーから複数のキーによって音孔[3]をふさぐ構造によって、複雑な運指を可能にして演奏できる音階も広がることになった（次の写真5-1左）。

　現在のフルートが誕生したのは、テオバルト・ベームによる1847年型のベーム式フルートからであり、ベームのフルートは、現在のフルートとしてよく知られる銀製の円筒管フルートであった。すべての音孔をキーによってふさぐ構造により3オクターブの演奏音域が確保され、音量や音程も大幅に改善されており、フルート製造における大きなイノベーションであった（写真5-1）。

　ベーム式フルートの誕生により、フルートは各地に興った工房で量産されはじめ、19世紀当時はフランス、ドイツ、イギリスを中心にベーム式フルートが製造されていた。その後、20世紀に入ると、フルート生産の中心はアメリカに移り、1980年頃まではアメリカの楽器メーカー[4]が世界的に台頭していた。日本製のフルートは1980年前後から国際的評価を得はじめ、高級ハンドメイド・フルートの欧米での評価や、スクールバンド用の普及品モデルでの輸出拡大が顕著となった。

　日本においては1924年の村松孝一による最初のフルート製造にはじまり、軍楽隊用の管楽器を製造していた日本管楽器（ニッカン）においてもフルートの製造が開始され、戦前の国内でのフルート製造はムラマツフルートとニッカンの2社が中心であった。この2社の職工や下請け職人を中心に技術の伝承が行われ、独立した職工によって戦後の国内フルートメーカー各社に派生した。

写真 5-1　フルートのイノベーション（楽器の変遷）
左は上から、17世紀のバロック・フルート（トラヴェルソ）、発展途上の多鍵式フルート（4 キー）、1900年頃のベーム式フルート（木管製）、右は現代のベーム式フルート（管体は9Kゴールド製）。出所：2017年 2 月　筆者撮影による。

（2）国内におけるフルート製造

　国内のフルートメーカーは、戦前から現在に至るまで、ヤマハなどの大手企業から中小・零細業者に至る 30 社以上のメーカーが存在していた。次の表 5-1 で示す通り、1980 年代から現在までの国内における主要なフルートメーカーとしては、最大手のヤマハ（旧ニッカン）を筆頭に、ムラマツフルート（村松フルート製作所）、サンキョウフルート（三響フルート製作所）、ミヤザワフルート（宮澤フルート製造）、パールフルート（パール楽器製造）などが現在まで存続している。その他の主要メーカーとしては、1990 年から台湾資本[5]によるアルタスフルートが加わることになり、全国的に楽器店の店頭に流通しているメーカーはこの 6 社である[6]。

　ヤマハは1970年に日本管楽器（ニッカン）を吸収合併し、管楽器全般を自社ブランドで展開することになった。自社の国際的な販売力によって高級ハンドメイド・フルートの海外演奏家への独自プロモーションや、普及品フルートを中心に海外全域への販売を拡大しシェアを伸ばしていった。ヤマハは主力のピアノ等の鍵盤楽器や音響機器で高いシェアを有するが、フルートの他にもサックス等の管楽器全般で世界的なブランド力があり、総合楽器メーカーとして突出した地位にある。旧ニッカン時代から近年までに独立した技術者は多く、ヤマハ（ニッカン）出身者が国内のフルート製造界に大きな影響を与えてきたともいえる。

　ムラマツフルートは、1923年創業の国内最古のフルート専業メーカーと

第5章　フルート製造の技術伝承と生産戦略　169

表5-1　国内の主要フルートメーカーの一覧

ブランド名	製造会社	創業年	所在地（工場）	主要製品
YAMAHA（ヤマハ）	ヤマハ（株）	1887年	静岡県浜松市	フルート、アルトフルート、バスフルート、ピッコロ
Muramatsu（ムラマツ）	（株）ムラマツフルート製作所	1923年	埼玉県所沢市	フルート、アルトフルート
SANKYO（サンキョウ）	（株）三響フルート製作所	1968年	埼玉県狭山市	フルート、アルトフルート、バスフルート、ピッコロ
Miyazawa（ミヤザワ）	ミヤザワフルート製造（株）	1969年	長野県上伊那郡	フルート、アルトフルート、ピッコロ
Pearl（パール）	パール楽器製造(株)	フルート部門1968年	千葉県八千代市	フルート、アルトフルート、バスフルート、ピッコロ（ドラム等の打楽器メーカー）
Altus（アルタス）	（株）アルタス	1990年	長野県安曇野市	フルート、アルトフルート、バスフルート（台湾功学社・K.H.S. 傘下）

出所：ミュージックトレード社編（2014、2016）および各社ホームページにより筆者作成。

して高いブランド力と技術力の評価を得ており、1960年代からハンドメイド高級品の国内外での高い評価を得ている。近年、ムラマツフルートは、従来の楽器卸経由での販売から直営店舗（東京・横浜・名古屋・大阪）を併用し、自社のブランド強化と独自のプロモーションによる販売戦略をとっている。

　サンキョウフルート（三響フルート製作所）は、ムラマツフルートから独立した3人の技術者によって1968年に創業された。販売面においては創業当初より楽器卸老舗のプリマ楽器との販売提携を行い、プリマ（PRIMA）ブランドを併用して販売力の強化を図ってきた。

　ミヤザワフルートの創業者は、ニッカン等での勤務を経て1969年にフルート製造会社を設立し、国内の楽器卸大手の協力を得て現在のフルートメーカーとしての地位を確立していった。

　パールフルート（パール楽器製造）は1946年に打楽器の製造から創業し、

1968 年にフルートの製造部門を設立した。現在でもドラムなどの打楽器で有名な企業であり、打楽器とフルート製造の両事業が同社の主軸となっている。他のフルート専業メーカーに先駆けて 1986 年には台湾にフルートの生産拠点を設立し、海外生産と国内生産の併行による量産化と品質確保の安定供給が実現されている。近年には東京・大阪に直営店舗を開設するなど、顧客からの直接の声を重視したユーザー・イノベーションにも積極的である。

　アルタスフルートは比較的新しいメーカーであり、台湾の大手楽器メーカーによって 1990 年に長野県に設立された。日本における創業社長はムラマツフルートの技術者出身であり、設立時に新規採用した職工の技術指導からスタートし、独自の製品開発力によって短い年数で評価を得た。

　他にも多数のフルートメーカーが存在するが、その多くがヤマハ（旧ニッカン）やムラマツフルートの出身者達である。最近では、サンキョウフルートやミヤザワフルートといったメーカーからさらに枝分かれして独立するケースもあり、フルート製造業は独立・起業による技術の伝承の歴史であるといえる。メーカー内での技術者の育成によって自社の技術を後進に伝承していく一方で、独立・起業していく技術者によって新たなコンセプトによる製品開発が行われている。フルート製造では大きな設備投資が不要であり、少ない創業資金と作業スペースで起業が可能なことも起因して、個人や数人規模の零細企業として独立・起業する事例が多いといえよう。

（3）フルート製造業の技術伝承

　国内のフルートメーカーの多くは、戦前から製造を続けているムラマツフルートとヤマハ（ニッカン）の技術者の独立や、２社の下請け業者や職工が創業してきたものである。フルート製造の技術は、マニュアルで規格化されたものではなく、長年の徒弟制度に近い技術の伝承と微妙な勘による擦り合わせの工程が生じる。大部分の製造工程において自動化が難しいことから、フルート製造においては未経験者が創業することは想定外であるといえる。一定の技術を修得した熟練工によって、部品組立の微調整や製造工程の管理、

最終検査を行うことが必須であり、製造工程では微妙な調整が生じることから、職人技が必要な擦り合わせ型産業の典型ともいえよう。

技術者の育成においては、中規模以上のメーカーの多くは分業制によるため、ジョブ・ローテーションによる各製造工程の経験によって育成するシステムをとっている。能力と経験年数によって難易度の高い工程に配置されていくが、分業制によるため全工程を経験する機会は少ない。一方で小規模・零細メーカーにおいては、早い段階から最初の工程から最終仕上げまでを担当することになる。熟練工として独り立ちできる機会は早く訪れるが、旧来型の徒弟制度のイメージが強い。また、最近では熟練工に依存してきた自社技術の蓄積を、分業化やライン化によって社内で普遍的に対応できる体制へシフトする例も見られる。部品の加工等を外注化することによって技術伝承の範囲は狭まり、徒弟制度の属人的な技術修得が限定的となることで、技術の伝承を組織的に行うことが容易になりつつある。

技術者（職工）となる人材については、古くはフルートに無関係（演奏できない）な職工によって製造されていたが、現在では吹奏楽や音楽大学、管楽器修理の専門学校出身者などが製造現場を志望するケースが多くなっている。フルートの製造現場では比較的に人材の確保ができており、学生時代の演奏経験や趣味を生かしたい思いで入社するケースも多いようである。他の製造業における人材確保や技術の伝承とは異なる面であり、フルートメーカーにおける特殊性として興味深いものである[7]。

次の図5-1は、国内のフルートメーカーの派生の経緯を系譜として示したものである。日本におけるフルート製造のルーツとなるのがムラマツフルートとヤマハ（ニッカン）の2社であり、製造技術は2社を中心にして蓄積されていた。その職工の一員であることや下請け業者である場合には、比較的オープンな環境で技術の修得が可能であったといえる。2社の出身者を中心にして現在までの国内のフルートメーカーが派生し、各メーカー独自の製品のコンセプトと技術力の主張によってイノベーションの競争が行われ、業界全体の技術力が高まってきたものである。各社ともに独自の製品を開発す

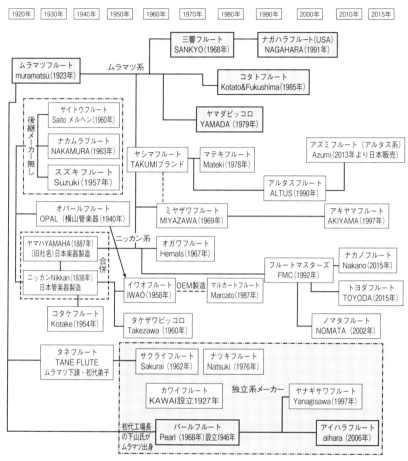

図5-1　国内フルートメーカーの系譜（系統図）

出所：ザ・フルート編集部（1998）、ミュージックトレード社編（2014、2016）、各社ホームページを参考にして、各メーカー・楽器小売店からの聴取内容に基づいて筆者が作成した。

ることで新たな技術を自社内に蓄積しているが、比較的単純な構造の製品であることから、時間とともに業界内での技術の共有化が進むと考えられ、独立したメーカー各社においても技術が伝承されてきたものといえよう。

図5-1でわかることは、ムラマツフルートとヤマハ（ニッカン）の2社から派生したメーカーの他にも、独立系のメーカーとして独自にフルート製造に参入して技術者を集めたケースや、2社から派生したメーカーからさらに独立して創業した事例が見られることである。また、出身メーカーを超えた技術者の集合によって、新たな製造会社が創業されているケースも見られる。フルート製造業はニッチな市場でもあり、演奏者であるユーザーへの口コミによる情報が伝達されやすい市場環境にある。管楽器やフルートの専門誌[8]も発刊されており、誌面で品質の評価や技術の先進性が評価されることにより、ユーザーへの製品の訴求は比較的容易であるともいえる。このような背景から、技術者の独立・起業がしやすい環境にあり、前述したように創業資金の負担が少ないことも独立・起業を後押しする要因となっている。また、独立・起業する技術者は、技術とともに新たなメーカーとして派生することになる。このような高度な技術者が外部へ流出することは、個別メーカーにとって自社内での技術の伝承には支障となるが、新たなメーカーへ技術が引き継がれることで業界全体としては技術伝承の裾野が広がることになるといえよう。

4．フルートメーカーの生産戦略

（1）製品アーキテクチャ論からの視点

日本企業の強みである擦り合わせ能力の優位性[9]が、国内フルートメーカーの生産プロセスの重要な要素となっている。フルート製造において主要な材料は管体の金属パイプであり、洋銀や銀、金製の金属を厚さ0.3mmから0.4mm、直径約19mmのパイプに均一に加工することが必要である。古くは、銀のスプーンや洋食器を溶かして板状に延ばし、薄い金属板を巻いてパ

イプ状に加工をしていた。その他の部品も金属板を丸めて溶接することや、金属を鍛造や削り出しで成形した手工業品であった。現在の主要フルートメーカーの多くが創業した 1970 年代頃には、まだ多くの部品が自社内での加工に依存しており、早くから外部調達が可能であった金属パイプ以外の部品は自社内製が多かった。従来型のフルートの製造技術は熟練工の勘による作業工程が多く、社内分業を行う際には部門間での擦り合わせが重要であり、主要な材料であるキーメカニズム等の部品の外注についても綿密な微調整が必要である。特にフルートの発音にとって重要な唄口と呼ばれる吹き口は、微妙な削り具合によって音色や吹奏感が異なることから、職人の勘と熟練した技術が必要な部分である。これらのことから、大木・山田（2011）によって楽器製造が典型的な擦り合わせ型製品と指摘されているとおり、フルート製造においてもピアノやヴァイオリンにおける工程と同様であるといえよう。

　機械化や自動化が限定されたフルート製造の現場において、近年では製造工程における変化が生じている。作業自体はいまだに労働集約的要素が強いが、部品の加工において外注加工が見られるようになっており、従来の内製が基本であった生産スタイルから外注による鋳造部品の調達へ移行しつつある。精密金属製品の加工業者[10]への部品外注による調達、海外生産拠点を有するヤマハやパールフルート、台湾に親会社のあるアルタスフルートについては、自社の海外工場からの調達も可能となっている[11]。1980 年から 90 年代に販売量が拡大し普及品モデルを中心に量産化を進めた時期において、製造工期の短縮とコストダウン化が水平分業の契機となったものと考えられる。部品の多くや仕上げのメッキ加工[12]を外注化することで、ハンドメイドの手工業品の要素が大きかったフルート製造の工程は組立の要素を強めることになり、モジュール化が進んだものといえよう。

　フルート製造の業界は市場規模も小さく社数も限定していることから、部品の調達先や外注加工先は対応可能な一部の業者に集中・共通化する傾向がある。銀や金の貴金属製の金属パイプについては、貴金属加工の大手である田中貴金属工業が国内における供給先であり、各社ともに同社との擦り合わ

せによって管の厚みや銀の配合率等の微調整を行っている。同社との擦り合わせによる新素材の開発（970銀、997銀や24金パイプ）が行われており、各社共通で新たな管材料を調達している。管体（パイプ）の管厚サイズ（0.38mmや0.40mmなど）の規格化が進み、国産の銀や金製パイプ調達の共通化が進んでいる。金や銀のメッキ加工についても、従来は自社内でメッキ加工を行うケースも見られたが、現在は埼玉県にある共通のメッキ加工業者へ各社が外注することが多く見られる。フルートを収納する革張りのハードケースについても、海外調達を除いて兵庫県たつの市のケース製造業者へ共通して発注している。

　外注加工や外部調達の多くは外注先との微調整の擦り合わせが必要であるが、量産の普及品を中心として徐々に外注による効率化と、各製品の加工段階ごとに標準化できる工程と設計内容に移行しつつある。パッド（タンポ）やバネなどの規格内で標準化された部品は、水平分業によるモジュール化が進んでいる。一方で、主要な作動部分の部品等は外注先との綿密な微調整による擦り合わせ作業が必要であり、外部調達においても従来型の擦り合わせ型の工程と、共通部品によってモジュール化した工程に分けることができる。

（2）国内フルート製造業のサプライチェーン

　次の図5-2は、フルート製造のサプライチェーンを図示したものである。生産面においては、従来の材料資材を仕入して部品を内製化する生産スタイルから、部品の一部は外注先に加工を委託し、管パイプなどの主要材料は金属加工メーカーの規格品を調達するという分業化が進んだことを示している。部品についてはメーカー間で標準化されたものを除くと、自社製品独自の規格外の部品も多いことから、外注加工先とは綿密な擦り合わせ作業が必要となる。従来の自社内各部門の擦り合わせから、外部調達先を加えた擦り合わせ過程が生じたものである。一方で、規格部品や各メーカー間で標準化された部品についてはモジュール部品としての調達が可能であり、安定した品質の部品供給によって製品のクオリティを維持しながら量産化に対応できるも

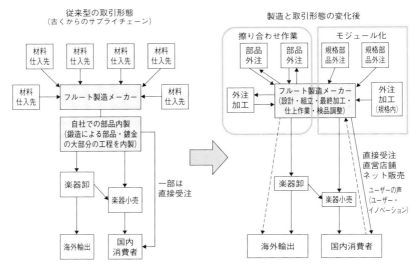

図 5-2　フルート製造のサプライチェーン

出所：楽器メーカー（パールフルート他）、楽器小売店における調査をもとに筆者が作成した。

のである。これは、フルート製造における水平分業が行われることで、擦り合わせ型の外部委託とモジュラー型の水平分業を併用した生産戦略が実現したといえる。

　販売面においては、従来は市場における楽器卸の力が強く、楽器小売においてもその流通網を無視できない存在であった。海外輸出についても、海外代理店の確保の問題、輸出手続の煩雑さやリスク面から楽器卸経由での海外販売が主流であった。しかしながら、近年においてはフルートメーカーが直営店舗を出店するケースや、プロモーション用のギャラリーの展開、インターネットやEコマースによる顧客への直接販売も主流となってきている[13]。顧客とのダイレクトな接点が生まれることで、ユーザーの製品への声は高まり、フルートメーカー側はユーザー・イノベーションとして製品への影響を受けることにもなり、顧客志向の製品開発による相乗効果も生まれつつある[14]。

第5章　フルート製造の技術伝承と生産戦略　177

　このように、昨今の市場環境の変化によって製造面や販売面においても大きく変化しつつあり、高品質な製品の安定供給と価格の安定化のために、新たな生産から販売までのサプライチェーンが構築されているものと論じることができ、本研究での事実発見といえるものである。

5．小括

　本章における1点目の研究目的である、「技術の伝承が社内だけではなく、独立・起業の過程で技術が受け継がれ発展してきたことを確認すること」については、フルート製造における技術の伝承において、メーカー自社内での技術者育成のほか、独立・起業する優秀な技術者が新たなメーカーとして派生することによって、業界全体での技術の伝承が行われていた。これは同時に、メーカー間での製品開発における切磋琢磨が行われることで、自社内の技術の伝承に留まらず、業界全体として技術伝承の裾野が広がるものと論じることができる。国内フルートメーカーの系譜は、その多くがフルートメーカー2社（ヤマハ、ムラマツ）から派生した技術者の独立・起業の歴史であり、その系統図を確認することで独立による技術の伝承が行われてきたことを確認できた。また、技術者の人材確保においてもフルート製造業では特殊性があり、昨今では吹奏楽などの演奏経験者が採用される例も多く見られ、技術者の確保が比較的容易な環境が認められた。

　2点目の研究目的である、「フルート製造を製品アーキテクチャの概念から考察し、工程における擦り合わせ型の要素とモジュール化による水平分業の動きを確認すること」については、フルート製造業において新たな生産から販売までのサプライチェーンが構築されていることを確認できた。フルートの製造技術は熟練工の勘による作業工程が多く、社内分業においても部門間での微調整の擦り合わせが重要であり、フルートは擦り合わせ型製品の典型である。しかしながら、近年では従来の部品を内製化する生産スタイルから、管パイプなどの主要材料は業界としての規格標準化が進み、部品の外部

調達や外注加工のモジュール化の動きを確認できた。さらに、部品について
は標準化できる場合もあれば、外注加工先とは綿密な擦り合わせ作業が必要
となる場合もあり、擦り合わせ型の外部委託とモジュール型の分業スタイル
を併用していることも確認した。

　これらの事実確認は、本研究による新たな事実発見として認識できるもの
であり、今後の楽器産業の生産に関する戦略や技術の伝承を見ていくうえで、
ひとつの尺度となるものといえる。ニッチな産業分野ではあるが、わが国の
工業製品として海外で高い評価を得ている製品分野であり、グローバルに高
評価を継続するニッチ産業の分析として意義があるものと考える。

　今後は、フルート製造のほかに、国際的な評価を有するピアノ製造やサッ
クス製造を考察に加え、さらに分析内容を深めるとともに多分野における比
較によって研究を進めていきたい。

〈第 5 章の注〉
（1）　2014 年 9 月にパール楽器製造の本社工場（千葉県）にて、2014 年 8 月
　　　に同台湾生産拠点（台湾真珠楽器、台中市）で調査を行い、工場責任者お
　　　よび技術者へインタビュー調査を行った。
（2）　山野楽器銀座本店、三木楽器心斎橋店、ヤマハ銀座店、パールフルート
　　　ギャラリー等におけるインタビュー調査（2014 年 9 月〜2018 年 10 月に複
　　　数回実施）による。
（3）　フルートの管体に開けられた穴であり、音孔をふさぐことで音階を変え
　　　ることができる。
（4）　当時はヘインズ社、パウエル社などを筆頭に、アメリカの各メーカーが
　　　高いシェアを有していた。
（5）　台湾でジュピター・ブランドなどの楽器製造や音楽教室を展開する功学
　　　社（K. H. S.）である。
（6）　本章であげた 6 社以外は、特定の楽器店を通した販売や直販による受注
　　　販売を行っている。
（7）　パール楽器製造でのインタビュー調査（2014 年から 2018 年まで複数回
　　　実施）、その他のメーカー等における過去の調査による。

（8）　『THE FLUTE（ザ・フルート）』アルソ出版、『PIPERS（パイパーズ）』杉原書店、『Band Journal（バンドジャーナル）』音楽之友社などの専門誌がある。

（9）　藤本（2001）pp. 10-11、藤本（2007）pp. 24-25。

（10）　音孔を押さえるキーシステムや連結パイプなどを、眼鏡フレームの生産地で有名な福井県鯖江市の金属加工業者等へ外注している。

（11）　ヤマハの普及クラスのフルートはインドネシアの生産拠点で、パールフルートは台湾工場で低価格帯の普及品を中心に製造している。アルタスフルートでは台湾の親会社工場からの部品調達が可能である。

（12）　洋銀製の普及品クラスでは、管体に腐食防止を兼ねて仕上げに銀メッキが施されている。そのほかにも音色の変化や外見の装飾のため、金や銀、プラチナ等の貴金属によるメッキをかけることが多い。

（13）　1990年代からムラマツフルートが大阪等へ直営店を拡大し、パールフルートやサンキョウフルートもギャラリー等の店舗を開設した。

（14）　従来の規格品モデルのみの少品種から多品種の製品モデルへ移行し、顧客の声を反映したオプションやカスタマイズが可能となっている。

第6章

フルートメーカーの製品開発戦略

　本章の内容は、既発表の学術論文をもとに加除修正をおこなっているが、単独の論文をベースとしていることから、前の章と一部重複する記述や内容がある。当初の論文における学術的な枠組みを維持するため、重複箇所についてはあえて省略せず、本章単独の学術的な展開の流れを残している。

1. 国内楽器業界の現況

　国内の楽器製造は、1900年前後から日本楽器製造（ヤマハ）や河合楽器製作所による鍵盤楽器の製造が始まり、管楽器においては日本管楽器（ニッカン）が明治期から製造を開始するなど、日本における西洋楽器製造の歴史は長い。日本の楽器産業は、販売額や数量の規模においてピアノ製造に長らく注目されてきたが、管楽器や弦楽器製造においても戦後の高度経済成長と同時に国内需要は大きく高まり、さらに輸出産業として海外市場における評価を得てきた。

　しかしながら、近年、国内の楽器メーカーは少子化と趣味の多様化による国内販売の低迷、中国メーカー等との競合による影響を受け、2000年代に入ってからは転換期を迎えている。国内の楽器メーカーにおける輸出を含む出荷実績は、1990年には販売総額で3,225億円であったが、2014年には1,076億円となり33.4％まで低下している。さらに、国内販売の規模においても、1990年の1,680億円から2014年には577億円となり、1990年の34.3％の水準まで減少している[1]。また、最近の楽器や音楽教室に対する家計支出の金額においても減少の傾向は明らかであり、楽器の世帯当たり年間支出は2005年の1,783円から2016年には997円となって55.9％に減少

第6章　フルートメーカーの製品開発戦略　181

し、音楽月謝の年間支出についても同期間で21.9％の減少となっている[2]。

　楽器産業の中心的存在であったピアノの販売額は、1985年の1,136億円から2014年には270億円となり、販売数量においても、1985年の291,899台から2014年には41,156台まで減少した。国内販売の数量では1985年の205,728台から、2010年には2万台を割り込んで16,356台となり、国内のピアノ製造の状況は厳しい環境となっている[3]。

　国内の楽器市場における厳しい環境と、輸出市場での新興国製品との競合の中で、特に健闘しているのが管楽器メーカーであり、特にフルート製造の実績に注目できる。フルートにおいては、1924年に村松孝一（ムラマツフルート）による国産フルート第1号が製造され、現在まで多数のフルート専業メーカーが国内に創業し、各社とも国際的な評価を得ている。

　総合楽器メーカーであるヤマハでは、ピアノ製造で世界的に高いシェアを有してきたが、現在は管楽器や弦楽器、打楽器などを多角的に製造し、近年には管楽器全般やギターなどにおいても国内外での売上と評価を高めている。ヤマハの2017年3月期における楽器部門の販売実績（連結）は2,576億円、シェアは24％に達し、世界的な規模を誇る楽器メーカーといえる[4]。

　国内楽器産業の主力であったピアノ製造は、1980年代のピーク時から大きく販売額を低下させているのに対し、フルート製造における販売額は同水準以上[5]を確保している。ピアノ製造と比較して市場規模や事業体の規模が小さく、業界全体の柔軟性が高いという要因は考えられるが、実際には各メーカーの製品開発戦略の効果が大きな要素であると考える。製品の付加価値を高めた価格戦略や、新たな製品開発によるユーザーへの訴求力向上の結果として、価格の上昇となっても販売の確保につながっているといえる。

　本章における研究の目的は、国内楽器メーカーの厳しい市場環境の中で、フルート製造の専業メーカーを中心として、製品開発と製品戦略の効果が市場での販売額の確保において、どのように反映されているのかを検証することである。それは、製品開発の成果が価格帯（製品単価）の上昇となり、顧客にそのプレミアム価値を認識させることによって、一定の販売量が維持さ

182　第Ⅱ部

れ、市場での販売額の確保にも至っている事実を確認することである。検証
の方法として、製品開発による付加価値の反映が顧客への価格プレミアムと
なっている事象を、約30年間における販売と製造の実績から考察している。

　本研究は楽器産業の研究の中でも、フルートメーカーの製品開発に着目し
た新たな研究であり、既存研究においてはピアノ製造の研究が中心であり、
周辺の楽器製造としては今まであまり注目されていなかった分野といえる。
楽器メーカーにおいて、製品開発の継続と製品への新たなプレミアム価値の
付与が、競争優位を維持するうえで重要な要素であるという事実を確認する
ことは、今後の楽器産業の研究における新たな貢献であるといえる。

2．先行研究について

　楽器製造に関する既存研究では、日本の代表的メーカーであるヤマハ（日
本楽器製造）についての企業研究や、市場規模の大きいピアノの製造や販売
戦略に関する研究が中心である。特に過去の研究では、ヤマハなどの楽器メー
カーにおける音楽教室の展開による楽器販売のビジネスモデルの研究や、
マーケティング戦略に関する研究が多くなされてきた。近年では、ヴァイオ
リンなどの製造についての研究も見られるが、特定の楽器製造に関する研究
はまだ少ない。

　大木・山田（2011）は、製品アーキテクチャ論から楽器製造を考察してお
り、楽器は典型的なインテグラル型製品と位置づけられると論じ、ピアノ、
ヴァイオリン、サックスの製造工程を事例として示している。ピアノにおけ
る多数の部品の微調整と木材の加工といった擦り合わせ技術の重要性、ヴァ
イオリン製造における職人の擦り合わせの妙、サックス製造での熟練工によ
る手工業的生産を例として、楽器製造での擦り合わせの重要性を論じている。
また、大木（2011）は、弦楽器（ウクレレ）製造でのイノベーションについ
て論じ、製作の道具への工夫、模倣ではなく革新によって楽器が進化するこ
とを示している。大木・柴（2013）においては、ピアノメーカーのスタイン

ウェイ社を事例として、大ホールでの演奏に十分な音量と速く繊細なタッチを実現したグランドピアノ開発での技術革新を論じている。スタインウェイ社のピアノは、金属フレームや弦の張り方の改良など多数の特許を取得し、時代に応じた量産化やコスト対応など、独自の設計思想のもとで常に技術革新を行いつつ事業を継続してきたことが論じられている。

檜山（1990）は、楽器産業全体について各楽器の種類ごとに国内製造の歴史と個別企業の状況を示しており、ムラマツフルートの創業当時の状況を紹介している。田中（2011）は、ヤマハ独自のマーケティング戦略に着目し、音楽教育や予約販売、特約店組織について考察しており、ヤマハの音楽教室の展開による販売戦略について論じている。また、同じく田中（2012）においては、ヤマハが市場成熟化に向けて音楽教室を開設しユーザー層を拡大したとして、教育機関を垂直統合した数少ないピアノ会社であると論じる。大村（1998）は、ピアノ製造業の技術面の特色と地域集積について論じており、技術面の進歩として、ピアノの製造工程における木材の乾燥工程等の合理化による量産体制の実現をあげている。管楽器の研究では丹下（2015）の研究があり、丹下はフルート製造に着目し、ムラマツフルートの創始者である村松孝一がフルートを製作した時代の背景と状況を示している。

これらの楽器製造に関する先行研究では、楽器製造が特殊性を有しており、擦り合わせ型の産業であることが多く論じられている。また、技術開発の歴史が楽器の歴史でもあり、イノベーションを継続することによって現在の楽器メーカーが存続してきたことが理解できる。

3．フルート製造業の製品戦略

（1）フルート製造における製品開発の歴史

フルートの原型である横笛は古代から存在したが、17 世紀のバロック期にサロンの宮廷音楽として興隆し、円錐に絞られ 7 つの穴と 1 つのキーが付いたバロック・フルートへと変遷する。18 世紀に入ってフルートの開発は

進み、バロック・フルートの1つのキーから複数のキーによって音孔をふさぐ構造によって、複雑な運指が可能となり演奏できる音階も広がっていった。当時の開発途上のフルートは多鍵式フルートと称され、改良型のフルートが欧州各国で乱立し、当時は楽器におけるイノベーションの競争であったといえる。

　現在のフルートの構造が確立したのは、テオバルト・ベームによる1847年型のベーム式フルートである。1847年に製作されたベームのフルートは、現在のフルートとしてよく知られる銀製の円筒管フルートであった。音孔をキーによってすべてふさぐ構造により3オクターブの演奏音域が確保され、さらに、音量や音程も大幅に改善されている。

　ベーム式フルートの誕生により、フルートは工業製品として工房での量産がなされていく。19世紀当時の工房は、フランスを中心に発展し、ドイツ、イギリスを中心に多くの工房で金属製のベーム式フルートが製造されていた。その後20世紀に入ると、フルート製造の中心はアメリカに移り、1980年頃まではアメリカのヘインズ社、パウエル社といった楽器メーカーが世界的に台頭していた。日本のフルートメーカーが国際的評価を得はじめたのはこの後からであり、高級ハンドメイド・フルートにおける欧米の一流演奏家の評価や、スクールバンド用の普及品での輸出拡大[6]が顕著となった。

　日本におけるフルート製造は、ムラマツフルートの創始者である村松孝一による1924年の国産第1号フルートの完成からである。また、軍楽隊用の楽器や多種の管楽器を製造していた日本管楽器（ニッカン）においてもフルートの製造が開始され、戦前の日本におけるフルート製造はムラマツフルートとニッカンの2社を中心としていた。この2社の職工や下請け職人を中心に技術の伝承が行われ、独立した職工によって現在の国内フルートメーカー各社が派生していった。

　日本の楽器メーカーはベーム式フルートの枠の中で、あらゆる改良を重ねて音程の安定化や操作性の向上、音量を出すための材質の工夫、音色を変えるための部品や細部の改良を進めてきた。フルートの発音で重要な部分であ

第6章　フルートメーカーの製品開発戦略　185

る頭部管唄口部の形状の改良や、新たな金属素材の採用、メッキ加工による音色の変化など多種の改良が加えられてきた。金属においては、通常の工業製品や宝飾用貴金属では使用されない新たな素材を、貴金属加工メーカーとの開発によって実現している。例えば、銀の純度を高めた998銀や997銀といった銀素材、金においては純金24Kで硬度を確保した金素材である。また、円筒の管体における金属の厚みにおいても、0.38mmや0.40mmまたは0.45mmといった幅広い選択肢を持たせており、フルートの音色や音量での選択の幅を広げている。これらは、フルートメーカー各社と金属加工業者との擦り合わせによるイノベーションであり、先発メーカーに追随して各社が採用していくことから、比較的にオープンな開発環境であるといえる。これは、既存メーカーから独立・起業して現在の各メーカーへと派生していった経緯や、技術者のメーカー間の移動、材料の調達先の共通化が進んだことがその要素と考えられる[7]。

　最近では、台湾のフルートメーカー GUO 社[8]によって樹脂製の本格的なフルートが販売されている。玩具の領域ではなく、正規のフルートの構造と音域・音色を備えたフルートであり、価格帯も通常の金属製フルートと同水準のものである。これもひとつのフルート製造におけるイノベーションといえ、さらなる新素材による製品開発の可能性を示唆している。

（2）フルート製造業の販売実績の推移

　国内のフルートメーカーは、戦前から現在に至るまで延べ30社以上が存在していた。1980年代からの国内の主要フルートメーカーとしては、ヤマハ（旧ニッカン）、ムラマツフルート（村松フルート製作所）、パールフルート（パール楽器製造）、サンキョウフルート（三響フルート製作所）、ミヤザワフルート（宮澤フルート製造）をあげることができ、1990年代からはアルタスフルートが加わることになる。ここでは、国内のフルートメーカーの中から、ヤマハ、ムラマツ、パール、サンキョウ、ミヤザワ、アルタスの主要6社の製品や価格の戦略について1980年代中盤からの製品戦略の推移を

186 第Ⅱ部

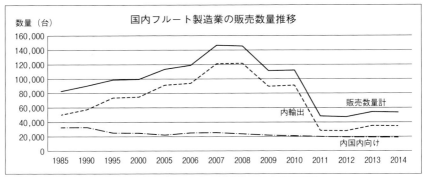

図 6-1　国内フルート製造業の販売数量推移
出所：ミュージックトレード社（1989、1997、2011、2014、2016）により筆者作成。原出所は「全国楽器製造協会・楽器生産統計調査表」による。

考察する。

　フルートの国内市場においては、1980年以前では演奏家を中心として、ハンドメイド高級品におけるアメリカやドイツの著名フルートメーカーの輸入品との競合が見られ、輸入ハンドメイド製品が優位な状況であった。その後に国内メーカーのハンドメイド高級品の評価が向上したことから、1980年代以降には輸入品との競合の状況は変化し、欧米からの輸入品に比較して安価で性能が高まった国産フルートが好まれるようになった。現在においては、高級ハンドメイド製品における輸入フルートとの大きな競合は見られず、輸入製品との競合は、低価格帯の普及品における台湾・中国製フルートが中心となっている。

　また、一部のメーカーにおいては、1980年代から海外に生産拠点を設け[9]、低価格帯の量産品を中心に海外生産を行い、中高価格帯のハンドメイド製品と普及品とのすみ分けが行われている。海外工場製造の輸入品を日本国内で調整・検品後に出荷するケースも見られるが、製造ブランド名での区別がないことから、顧客においては日本メーカーの製品としての認識が強い。

　図6-1で示すように、2014年の国内におけるフルートの販売数量は1985年の数量から58.1％の水準まで減少している。輸出の数量については2008

年のピーク時を境にして、2011 年からは 1 ドル 70 円台の円高水準を迎えて大幅な減少となった。輸出の数量ベースでの主力製品は低価格帯の普及品モデルであり、円高によって価格競争力を失ってしまった。このような販売数量の減少の中において、販売額の確保が各メーカーの課題であったといえ、製品単価の価格改定を市場や顧客に受け入れてもらい、販売総額を維持することが必要とされていたのである。

　次の図 6-2 は、国内のフルート製造業全体の販売額の推移を示している。1985 年から 2014 年の統計資料を見ると、国内のフルート販売額は 1985 年に 46 億円の規模であったが、1990 年代から 2000 年にかけて 50 億円から 60 億円の規模で推移を続け、2007 年に 85 億円弱に達しピークを迎える。その後 2012 年まで下降を続けており、直近の 2014 年時点では、国内フルート製造業全体の販売額は 52 億円弱の実績である。

　販売額の内訳を確認すると、1995 年までは同じような比率で国内販売と輸出額は推移していたが、2000 年代に入ると国内販売を海外向け輸出が大きく上回っていく。しかしながら、一時期好調であった輸出も 2009 年からは低迷して 2010 年まで伸び悩み、2011 年を境にして大きく低下することになる。この要因は、リーマンショックや急激な円高による輸出減少と、中国などの新興国における安価なフルート製品との競合において、低価格帯の普及品モデルを中心として日本製フルートの市場競争力が低下したといえる。一方で国内販売の実績を見ると、2008 年まで順調に販売額は拡大しており、近年は 30 億円台の販売規模で安定推移していることがわかる。しかし、楽器産業全体の傾向として、少子化や趣味の多様化による楽器離れはフルートにおいても同様である。

　図 6-3 で示すとおり、フルート 1 台当たりの販売単価を見ると、国内向けと輸出を合わせた平均単価は、1985 年の 5 万 6 千円台から 2010 年に至るまで 6 万円前後の水準で推移している。しかしながら、2011 年からの平均販売単価は 10 万円台に大きく上昇し、2014 年まで高い水準が続いている。また、国内販売と輸出を区分すると、明らかに国内販売の単価が上昇してい

(単位）金額：百万円

項　目	1985年	1990年	1995年	2000年	2005年	2006年	2007年	2008年	2009年	2010年	2011年	2012年	2013年	2014年
販売額合計	4,637	4,919	5,462	6,050	6,980	7,495	8,480	8,231	6,201	6,377	5,016	4,754	5,228	5,160
内 国内販売額	2,208	2,538	2,639	2,761	2,736	3,476	3,537	3,608	3,220	3,260	3,318	3,259	3,354	3,231
内 輸出額	2,429	2,381	2,823	3,289	4,244	4,019	4,943	4,623	2,980	3,117	1,698	1,495	1,874	1,929

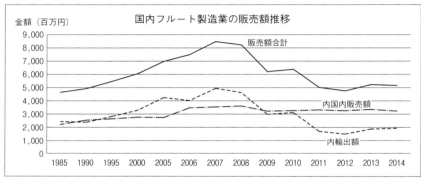

図6-2　国内フルート製造業の販売額推移

出所：ミュージックトレード社（1989、1997、2011、2014、2016）により筆者作成。原出所は「全国楽器製造協会・楽器生産統計調査表」による。

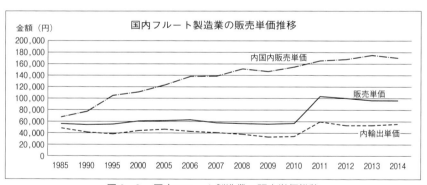

図6-3　国内フルート製造業の販売単価推移

出所：ミュージックトレード社（1989、1997、2011、2014、2016）により筆者作成。原出所は「全国楽器製造協会・楽器生産統計調査表」による。

第 6 章　フルートメーカーの製品開発戦略　189

ることがわかる。1985 年に国内向けの販売単価は 6 万 7 千円台であったが、その後は上昇を続けており、2013 年には 17 万円台の平均販売単価に至っている。輸出の販売単価の動きに比較すると、国内向けの販売単価の上昇は顕著な動きを示しており、この販売単価の動きが製品の付加価値を高めた製品開発戦略を示しているといえる。

　さらに、販売単価の上昇についての追加的検証として、貴金属材料の原価と消費者物価指数の推移から確認すると、材料原価の変動や物価上昇の影響というよりも、製品開発による新たな付加価値での製品単価の上昇であることがわかる。

　材料である金や銀の貴金属相場[10]の動きから見ると、金価格の年平均は、1995 年の 1,209 円／g から 2016 年には 4,396 円／g となって 3.6 倍に上昇しており、金価格の上昇は金製フルートの販売価格の上昇に影響している。銀価格については 2016 年の平均価格で 62.03 円／g であり、1995 年当時の 17.11 円／g からは 3.6 倍に上昇しているが、総銀製フルートの総重量が 400 グラム強であることを勘案すると、実際の製品価格への影響は少ないといえる。

　消費者物価指数[11]の動きを見ると、1984 年から 2016 年の間でのピークは 15 ％程度の上昇に過ぎず、フルートの国内販売単価における約 2.5 倍の上昇を大きく下回っているため、製品の価値向上による要因と見ることができる。また、米ドルの為替相場[12]については、1990 年における 144.83 円の水準から 2011 年には 79.80 円の円高水準となり、低価格帯の量産モデルではその影響は大きく、近年の円高によって輸出競争力を大きく後退させている。

（3）フルートメーカーにおける製品開発の推移

　国内向けでの販売単価が大きく上昇してきた結果に基づき、フルートメーカーのうち主要 6 社[13]について、その製品開発における動きを確認するため、1984 年からの材質の種類と製品モデル数を資料やカタログから抜粋した。

　表 6 - 1 で示す通り、現在までのフルートの材質には多種の貴金属や木材

190　第Ⅱ部

表6-1　フルート管体の材質一覧

	フルート管体の材質
木製	グラナディラ、黒檀、紫檀、ローズウッド、コーカスウッド
銀・洋銀	洋銀（洋白・白銅）、900銀、925銀、943銀、946銀、950銀、958銀、970銀、980銀、990銀、997銀、998銀
金・プラチナ	Pt900、G10（10％金）、5K、8K、9K、10K、14K イエロー、14K ローズ、18K、19.5K、24K

出所：ミュージックトレード社（2017）、各社ホームページにより筆者作成。

が使用されてきた。特に銀材料については、銀の配合率によって多種の銀材料が存在し、微妙な金属の混合率によって硬度や密度も変わるために、音色や反応への変化が表れるとされている。単体材質でのフルートの管体への採用や、その他部品との組み合わせによって複数種類の材質が併用される場合もある。

　その推移を示したのが次の図6-4であり、入手可能な資料により年次の制限はあるが、1984年から2017年の間における材質と製品モデル数の1社平均の推移を示している。図6-4で示すとおり、1984年当時のフルートの材質の種類について平均値を計算すると3.4に過ぎない。1984年当時は、洋銀（洋白）、925銀（スターリングシルバー）、8Kゴールド、9Kゴールド、14Kゴールドが主流であった。1995年頃から10Kゴールドやプラチナ、その他金10％の合金や958銀が材料に加わっており、2001年になると新たな銀素材である997銀や998銀（ピュアシルバー）、5K（金20.8％）の金や24Kゴールドといった新素材が登場している。現在では、これらに加えて950銀、970銀、980銀、990銀、木製、14Kローズゴールドなど、特に管体の銀材料については銀の配合比率を高めた銀管体が製品化されている。従来の銀管体の製造においては、997銀や998銀の高純度の銀比率では柔らかすぎて硬度を保てなかったが、フルート用銀管体の貴金属材料メーカーとの開発により、硬度を十分に保った新たな高純度の銀管加工が可能となっていった。これは、フルートメーカー各社と貴金属材料メーカーとの擦り合わせ

第6章　フルートメーカーの製品開発戦略　191

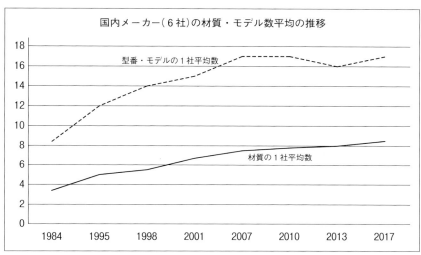

図6-4　国内主要フルートメーカーの材質・モデル数平均の推移
出所：ミュージックトレード社（1984、1995、1998、2001、2007、2010、2013、2017）および各社ホームページ、カタログにより筆者作成。
※1984年のみ5社の平均としている。

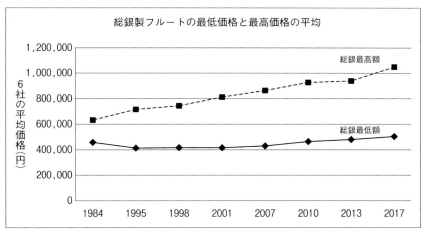

図6-5　総銀製フルートの最低価格と最高価格の平均額推移
出所：ミュージックトレード社（1984、1995、1998、2001、2007、2010、2013、2017）および各社ホームページ、カタログにより筆者作成。
※1984年のみ5社の平均としている。C足部管の標準モデルを基準とする。

192　第Ⅱ部

による製品開発の結果であり、楽器製造における一つのイノベーションといえる事象である。

　また、製品モデル数においても、管体の材料となる金属素材の種類が増えたことで、当然にモデル数も増加している。また、新たなブランド名を付与したモデルや、フルート部品の各所に金の部品を用いたり、プラチナなどの特殊メッキを施した製品を投入したり、モデル数は2007年頃まで増加傾向にあった。最近では旧モデルの廃番や見直しによって、モデル数は同水準で推移しているが、モデル一新でのブランド名の変更やハンドメイドの付加価値を高めた製品投入もなされている。

　国内のフルートメーカーにおいては、新たな材質（純度を高めた銀や金）や特殊な構造、プラチナなどのメッキや金材料の一部の部品への使用など、付加価値を高めた製品開発が進んでおり、それは販売価格帯に反映されている。先に論じたように、特に国内向け販売の単価が上昇しているが、これは製品開発の過程で特殊性を重視することで顧客への訴求を高め、それがプレミアム価値として価格に反映されている。少子化や趣味の多様化によって国内での販売数量の確保は困難となり、売上の確保のために販売単価を引き上げる努力が製品開発とその戦略に表れている。

　前の図6-5は、フルートメーカーの主要6社における1984年から2017年に至る、総銀製フルートの最高額と最低額の平均価格の推移を示している。総銀製フルートについては、各社ともに主力製品として市場に投入しており、ユーザーや楽器店の評価も総銀製フルートに重点がおかれていることから、その価格帯は一つの指標であると考える。図6-5で示すとおり、フラッグシップモデルとなる総銀製のフルートにおいては、最低額においては大きく変化はなく物価水準の上昇程度である。この総銀製の最低価格帯のフルートは、学生の吹奏楽や社会人の趣味での使用において中級以上のモデルを求める場合など、顧客層は幅広い。銀特有の柔らかい響きや音色を求める演奏者、総銀製という一つのステータスを得る顧客層を対象として、各フルートメーカーの販売の中心ともなっているクラスといえる。

第 6 章　フルートメーカーの製品開発戦略　193

図 6-6　フルートの最高価格製品と最低価格製品の平均額推移
出所：ミュージックトレード社（1984、1995、1998、2001、2007、2010、2013、2017）
　　　および各社ホームページ、カタログにより筆者作成。
　　※1984年のみ5社の平均としている。C足部管の標準モデルを基準とする。

　また、総銀製の最高価格帯は、各社のフラッグシップモデルとしてプロモーションされているケースも多い。金製のフルートまでは手が届かないが、総銀製の豊かな音色と吹奏感を得ようとする趣味の演奏家層、音楽大学の学生や音大受験を控えた高校生などが対象となる。この総銀製の最高価格帯フルートにおいては、1984年から2017年の間における価格上昇は1.66倍となっている。特殊な銀材料を使用することや、製品開発における新たな付加価値を加えた結果として、価格プレミアムとして上乗せされてきたのである。銀の材料に純度の高い997銀や970銀を使用し特殊性を強調した製品、ひとりの職人がすべての工程を担当するハンドメイドであることを訴求した製品、独自のイノベーションとして特殊なメカニズムを付加した製品などである。これらの製品開発が最近は特に顕著となり、各メーカーが競って新たな銀材料の導入や部品への金材料を採用し、特殊性による差別化を図っている。
　図 6-6 は、フルートメーカー各社の最高価格の高級フルートと、最低価格の普及モデルにおける6社の平均価格の推移を示している。各メーカーの最高価格帯については、昨今ではプラチナや24K金製フルートが占めており、その価格は上昇傾向にある。最高価格製品の平均額の上昇は、従来の14Kゴールドまでの貴金属材料から24Kゴールドやプラチナ製に変遷し、貴金属価格の高騰もあって価格は大きく上昇している。実際にプラチナや24Kゴールド製のフルートは、質量もあり吹奏感の抵抗も増すことから顧

客は限定される。しかしながら、プラチナや 24K ゴールド製のフルートとなれば価格は 1 千万円水準に達し、製造するメーカー側においても、また、所有する顧客側においてもステータスシンボルとなる楽器であるといえる。

　最低価格帯の普及品については、学校での吹奏楽や授業向け、初心者が最初に購入する楽器の位置づけである。普及品のフルートについては、量産によるコストダウンと販売数量の確保が重要であり、楽器卸や販売店に常時在庫を置くモデルとなる。受注生産ではないことから、常にライン生産を継続することで一定量の製品供給を維持しなければならない。この普及品のフルートにおいてはメーカー各社での考え方は異なり、数量ベースでの出荷を重視した量産体制で 7 万円台のフルートを供給するメーカーと、一部にハンドメイドの要素を残しつつ 20 万円台の価格を最低水準とするメーカーに分かれている。

　メーカーによるコンセプトの違いはあるが、最低価格品の平均価格についても図 6 - 6 で示すとおり、1984 年から 2014 年の間で 1.76 倍に上昇している。これは、一部のメーカーが低価格の量産品から脱却し、ハンドメイド製品で培ったブランド・イメージを維持するために、最低価格帯においてもハンドメイドの要素を残した材料使用や構造としたことが要因である。そのために、最低価格帯の販売金額ベースも押し上げられ、結果として全体の販売金額の確保がなされているといえる。

4．製品開発の戦略についての考察

　本章では、フルートメーカーの販売実績の推移と製品価格としての動き、製品開発における戦略を検証し、約 30 年間の市場推移の考察を行った。

　考察の結果として、フルートメーカーにおいては、規格品の量産から多様な製品展開に移行し、新たな金属材料の採用や製品開発によって付加価値を高め、そのプレミアムによって価格戦略を実現してきたことがわかった。各メーカーでは製品開発力と技術革新を競争し、金属材料のほかにも楽器の細

部にわたる改良や特色をもった製品を展開させ、特に国内販売での売上額の安定化が図られていた。特殊性のプレミアムを価格に反映させる動きによって、従来の販売数量を優先する効率化と量産体制から、よりユーザーに向いた製品開発と製品の供給が可能となったために、市場に受け入れられたと考えられる。国内での顧客層の減少と個人嗜好の多様化に対し、製品価格を一定以上に維持することで低価格製品とのすみ分けが明確になり、各社のブランド力を高めることにもなっている。これは、海外市場での評価にも影響し、ハンドメイド高級フルートと中級品でのブランド・イメージによって、中国製品等の普及品との市場でのすみ分けの効果が期待できる。実際に、ヤマハやパール楽器製造といったメーカーでは、以前より普及品クラスを海外で生産しており、国内製造によるハンドメイド中高級フルートと生産ラインを区分する戦略で一定の効果を得ている。

これらの考察から、フルート製造業界として常に新たな製品開発が進められ、高級化戦略と対応モデル数の拡大という共通の動きを確認できた。フルートメーカーにおいては、業界が環境の変化に柔軟に対応し続け、製品開発の成果を付加価値として価格形成に反映させる戦略に成功していることがわかった。さらに、今後の市場を見据えた動きとしての中高級品における新たな付加価値の創出、新たな製品開発を反映した製品単価の引上げの動きがあった。これは、最終的にはプロ演奏家を中心とする高級品市場において、各社がブランド力の強化を進める狙いともいえる。これらの事実は、過去30年間における市場動向や製品戦略の考察によって明らかとなり、本研究における新たな事実発見といえる。

5．小括

本章では、研究目的である「国内管楽器メーカーの製品開発と製品戦略の効果が、市場での販売額の確保においてどのように反映されているのか」について考察した。30年間における各社の販売と製造の実績から検証した結

果、フルートメーカーにおいては、製品開発と新たな付加価値を高めた製品戦略によって、製品評価の確立および販売価格の引き上げに注力していた。また、メーカーの製品開発による新素材や新機能はユーザーや市場に評価され、特殊性は価格水準の上昇要因として受け入れられてきたことがわかった。本章における研究目的としての課題は明らかにされ、管楽器メーカーの特殊な戦略を確認できたといえる。

　本研究は国内の楽器産業に着目し、その中で、フルート製造の管楽器メーカーに焦点を当てた新たな研究といえる。既存研究では、楽器産業の中でも市場規模の大きかったピアノ製造に関する議論が多く、ニッチな産業ともいえる管楽器の専業メーカーの製品戦略に着目した事例は見ることがない。本研究は国内産業のうち、特に国内外での高い評価を受けるニッチ産業の研究としての意義を有しており、新たな研究分野への貢献であると考える。

　本研究では、フルート製造分野におけるメーカー全体と市場の考察となり、個社の生産形態や製品開発過程についての調査が不十分といえる。今後は個別メーカーを対象にした調査を行い、製品の開発と戦略についてさらに掘り下げた検討を加えつつ、グローバル・ニッチトップ企業としての要素を確認していきたい。

〈第 6 章の注〉

（１）　ミュージックトレード社（1997、2016）に掲載された「全国楽器製造協会・楽器生産統計調査表」の公表データによる国内楽器製造業の集計。
（２）　総務省の「家計調査年報（総世帯）」2005 年および 2016 年の統計（楽器・音楽月謝）により算出した。
（３）　ミュージックトレード社（1989、2016）による。
（４）　販売実績、シェアはヤマハ（2017）による。ヤマハが公表する管楽器全体での世界推計シェア（2010 年）は 20％である。ミュージックトレード社（2016）によれば、パール楽器製造の年商が 60 億円、村松フルート製作所が 15 億円の事業規模であることから、他の有力楽器メーカーを大きく凌駕している。

第 6 章　フルートメーカーの製品開発戦略　197

（5）　2014 年の販売額は 1990 年対比で、フルートは 104.9％である。

（6）　輸出先は 90 年代にはドイツ・フランス等の欧州、アメリカ向けが特に
多く、現在ではこれらの国のほか、中国・韓国などのアジア向けが増えて
いる（ミュージックトレード社、1997・2016）。

（7）　パール楽器製造（本社千葉工場、フルートギャラリー）、山野楽器銀座
本店、三木楽器心斎橋店、ヤマハ銀座店等におけるインタビュー調査
（2014 年 9 月〜2019 年 7 月に複数回実施）による。

（8）　GUO MUSICAL INSTRUMENT CO.（台湾台中市）であり、経営者の郭
氏は日本のフルートメーカーの台湾工場に勤務後、独立起業した。

（9）　ヤマハはインドネシアに管楽器の製造拠点を、パールフルートでは台湾
に古くから生産現法を有している。

（10）　田中貴金属工業のホームページで公開される金価格と銀価格の年次価格
推移による。

（11）　総務省統計局の時系列データ（持家の帰属家賃を除く総合）による。

（12）　三菱 UFJ リサーチ＆コンサルティングの資料による公示伸値の年平均値。

（13）　6 社の内訳は、ムラマツ、ヤマハ、サンキョウ、パール、ミヤザワ、ア
ルタスのフルートメーカーである。但し、アルタスフルートのみは創立が
1990 年であることから、1990 年以降を 6 社の統計とし、1984 年は 5 社で
平均数を算出している。

第7章

おわりに

1. 第Ⅰ部のまとめ

　本書においては、フルート製造という特殊な領域に焦点を当てて、その歴史やメーカーの沿革、製造に関する技術の進化とイノベーション、製品戦略といった幅広い視点から考察を行った。楽器産業は特殊で狭い業界であり、その中でもフルート製造の市場は大きいとはいえない。そのため、フルート製造を扱った研究や資料は極めて少なく、限られた資料と長年の実地調査と人のつながりに頼って調査を行うしかないため、実際に自らの目で見て確認しながら検証していく作業を繰り返してきた。本書における研究の内容は長年の蓄積の上に成り立っており、工場の実地調査での製造工程の詳細についても、20 年以上前から自ら足を運び体験してきた基礎的知識がベースとなっている。本書を執筆することで、長年の研究活動が一段落することになったが、フルートの製造は日進月歩で進化しており、これからもその発展を追っていく必要がある。

（1）第1章のまとめとして

　第1章においては、導入部のフルート業界の概況と研究目的、研究方法に続いて、日本におけるフルートの普及を歴史的背景から考察し、さらに、日本のフルートメーカーの源流であるムラマツとニッカンの二社につながる系譜と、ヨーロッパにおける伝統的フルートメーカーについて考察した。

　日本におけるフルートの普及が本格的となるのは戦後の時期からであり、明治の文明開化とともに伝来したフルートは、明治・大正期では一部の演奏家に限定されており、一般市民へ大衆化するまでにはさらに多くの年数を要した。村松孝一による国産初のフルートが製作された 1924 年頃においても、

第7章 おわりに 199

フルートの演奏家は数える程度であり、フルート等の管楽器が使用される場所は陸軍と海軍の軍楽隊が主であった。フルートの需要のない中で、限られた材料から試行錯誤しながら製作をした村松孝一は偉大であったといえ、その努力が現在の日本における多数のフルート愛好家を生み、世界に評価される日本のフルート製造業界を構築するきっかけとなったものといえる。

　国産第1号のフルート誕生後も、日本のフルートの黎明期は長く続き、学校音楽などで大衆化するのは量産化が進んだ第二次大戦後のことである。1950年代からはムラマツ、ニッカンの増産体制が確立し、高度経済成長で所得の上がった国民に支えられてフルート業界は急速に成長していく。ピアノなどの国内需要に比例するように、フルートの販売量も右肩上がりであったことから、1960年代から派生した新規メーカー各社においても、その需要に支えられて各社が並存し同時に成長していくことが可能であったといえる。

　現存する日本のフルートメーカーの源流をたどると、そのほとんどがムラマツフルートとニッカンの二社にたどり着く。戦前の日本のフルートメーカーはムラマツとニッカンの二社であり、その技術が当時の職工や下請けを通じて伝承され、各メーカーに派生していった。昭和初期から現在まで30社以上のフルートメーカーがわが国に存在し、現在においても20社程度が活動を行っている。フルートの国内市場としては、国内向けが30数億円規模、輸出が20億円弱の実績であり、他業種と比べると決して大きな市場規模ではなく、顧客が限定されたニッチな市場といえる。しかしながら、国際的な評価に支えられて、小規模・零細であっても内外からコンスタントに受注があり、技術力の評価によって企業活動が継続できているものといえよう。

　第1章の終わりの部分において、元祖・源流ともいえるヨーロッパにおけるフルート製造に着目し、19世紀のフランスを代表するルイ・ロット社と、ドイツのフルート製作の家系であるハンミッヒ家について論説している。

　オールド・フレンチ・フルートの代表格がルイ・ロットであるが、初代のルイ・エスプリ・ロットの弟子たちによって6代にわたり、1855年の工房

200　第Ⅱ部

創業から 1951 年に S. M. L. 社に売却されるまで、96 年の間にわたってブランドが継続している。そのブランド名は今でも伝説的に語り継がれ、演奏可能な状態で楽器が現存し、今でもプロのフルーティストによって演奏会の場において現役で活躍している楽器も数多い。ベーム式フルートの普及のきっかけを作ったといっても過言でなく、それだけに歴史的にも性能面においても大変価値のある楽器である。

　テオバルト・ベームの出身地でもあるドイツのフルートを代表するのは、ハンミッヒ家の系統によるフルートといえる。August Richard Hammig（アウグスト・リヒャルト・ハンミッヒ）と Philipp Hammig（フィリップ・ハンミッヒ）の兄弟は、今でもドイツで続くブランドである。

　A. R. Hammig（アウグスト・リヒャルト・ハンミッヒ）の 2 人の息子である、Helmuth Hammig（ヘルムート・ハンミッヒ）と Johannes Hammig（ヨハネス・ハンミッヒ）は、現在でも極めて高い評価を得ているフルートメーカーである。特に、ヘルムートの楽器は極めて高い評価を受け、大変稀少であることから高額な値段で取引されており、プロ・アマチュアを問わず垂涎の的である。ヘルムートによる楽器は、木管やピッコロを含めても生涯に 460 本程度の製作本数であり、完全な状態で現存し、日本やアメリカ等の流通市場に出回っている楽器はさらに少ないと考えられる。すでに代替わりが行われ、「A. R.」「Philipp」は現在の子孫に引き継がれ、「Helmuth」は後継者がなく、「Johannes」ブランドは孫の「Bernhard」にブランドが引き継がれた。血縁で親から子に、兄から弟に技術が伝承するのは、ドイツの伝統的な形態であるとともに、日本の伝統工芸の技術伝承に近いものがある。ハンミッヒ家の現代の代表的製作者であったヘルムートとヨハネスは、ともにハンミッヒ・ブランド全体の評価を押し上げてきたものといえよう。

（2）第 2 章のまとめとして

　第 2 章においては、フルートの歴史と発展をタイトルとして、フルートの成り立ちとフルートの歴史、ベーム式フルートの発展の順に、実際のフルー

トの写真を提示しながら説明をした。

　フルートの成り立ちにおいては、古代の横笛からからルネサンス・フルート、バロック・フルート（トラヴェルソ）、多鍵式フルートを経て、1832年型、1847年型のベーム式フルートに至るフルートの発展を示した。

　フルートの構造においては、写真による図示によってフルート各部の名称やメカニズムを説明し、分解写真においてもより詳しい説明を加えている。また、頭部管の唄口の重要性にも言及し、リッププレート（唄口）のパーツ写真をもとに機能を説明し、唄口の穴の大きさや形状、リッププレートの材質が音色に与える影響を論じた。

　フルートの歴史においては、最初に、西洋の古楽器としてバロック・フルート（トラヴェルソ）を復刻版の樹脂製を含めて写真入りで紹介し、その音色や発音の音階、音程について説明した。次に、東洋の伝統的な笛として、日本の篠笛を写真とともに紹介し、そのほかに中国の笛子とその構造、笛膜による特殊な音色、中国の各種の笛類を写真で示して説明している。基本的な横笛としての発音構造は同じであるが、これらは西洋の笛とは別の発展の仕方をしてきた笛といえる。そして、バロック・フルートから発展途上の西洋の笛として、多鍵式フルートの4鍵式とメイヤー式の8鍵式フルートを紹介し、木管のベーム式との比較を行った。筆者独自の観点も含めて、現物の楽器類を触って演奏し、各パーツや構造、材質の詳細な確認を行っており、より正確な比較情報が得られているものと考える。

　ベーム式フルートの発展として、フランスのオールド・フルート、ドイツのフルート、アメリカの20世紀初頭から中盤を中心としたフルート、日本の戦後の黎明期を中心とした各社フルート、パールフルートの創業期から現代までの製品の歴史、樹脂製フルート等の変わったフルートの順に写真を添えて説明を加えた。

　フレンチ・オールドの楽器については、筆者が長年にわたって国内や欧米市場で収集してきた楽器であり、特にオリジナル性を重視している。過去には、ルイ・ロットやゴッドフロイ、ボンヴィル、リーブ、ローベなど複数の

202　第Ⅱ部

フルートを筆者が所有していた時期もあり、フレンチ・オールドについては実物によって検証をしてきた経緯がある。現所蔵のルイ・ロットについては、オリジナルの状態を保持するために何回もの修理・調整を行って管理をしている楽器であり、現代の楽曲もストレスなく演奏可能である。その他のフレンチ・オールドのフルートについてもオリジナル性を重視しており、当時のフレンチ・フルートの印象を維持できていることから、楽器の比較評価としても相応の楽器を取り揃えることができた。

　ドイツのフルートについては、ヘルムート・ハンミッヒまでは現物の入手がかなわず、初期のヨハネス・ハンミッヒを筆頭の楽器として紹介している。このヨハネス・ハンミッヒは製番も500番台と古く、初期のジャーマンスタイルのキーカップで音孔ハンダ付けの珍しいスタイルであるが、つくりが美しくシンプルな印象を感じさせる。ヨハネス・ハンミッヒは過去には他に3本ほど所有しており、時代別での比較もしたことがあるが、本書に掲載したヨハネスが最もバランスがよく、音色・音量ともによい楽器であった。その他のドイツ楽器については、フィリップ・ハンミッヒの総銀製が音色的にはドイツを感じさせるが、そのほかのユーベルやモーレンハウエルと同様に、つくりは武骨で機械的な大づくりの感じがする楽器である。ここでのドイツ・フルートの中においては、ヨハネス・ハンミッヒに軍配が上がるであろう。

　アメリカの楽器については、1970年代以前の楽器を取り揃え、それ以降の楽器については今回については掲載を割愛した。アメリカのオールド・フルートとしての代表格は1888年にボストンで創業したヘインズ社といえる。1927年にVerne Q.パウエルがヘインズ社から独立してパウエルフルートを立ち上げるまでは、ヘインズ社が名実ともにアメリカを代表するハンドメイド・フルートのメーカーであった。

　第2章では最初に、ヘインズのレギュラータイプ（引き上げトーンホール）を年代順に4本のフルートで比較している。初期の1920年製造である5000番台のヘインズフルートでは、音孔を管体から引き上げする技術はあ

ったが、引き上げされた先端部分をカーリング処理する技術は持っていなかった。この時代の直前までヘインズでは木管フルートを製造していたこともあり、銀製の管体となった後も、キーメカニズム等に木管時代の仕様が残っていた。1948年製のモデルでは、音孔を管体から引き上げた後、パッドに当たる先端部分はカーリング処理がなされており、その後の1957年製造のモデル、1968年製のモデルも同様であった。初期の1920年製のモデルにおいては、独特な演奏感と音色を持ち合わせているが、その後の1957年製の19000番台以降はオールド・ヘインズとして一般に認識されている音色がする。その後の1976年製のハンドメイド・フルートについては、ヘインズのハンドメイド系の音色であり、管厚も薄いためかレギュラーのヘビー管と比べると響きの感じが異なっていた。

　ヘインズ以外のその他のアメリカのフルートについては、エルクハート系のフルートメーカーを中心に紹介しており、キング、C.G.コーン、アームストロング、アメリカ・セルマー、アートレイ、ウィンバリーといったフルートメーカーを掲載し、写真とともに個別に調査結果の考察を行っていった。その結果として、アメリカ・エルクハートを中心としたフルートメーカーについては、基本的にハンドメイドのフルートであったとしても、音孔は引き上げが標準となっている。ヘインズを中心としたボストン系のハンドメイド・メーカーが、音孔ハンダ付けを標準としているのに比べて異なる戦略であった。

　日本のフルートとしては、戦後の黎明期ともいえる1950年代から1960年代に作られたフルートを紹介し、その後の時代の現存しないメーカーまたはモデルを追加で紹介した。1951年にムラマツフルートはプリマ楽器との代理店契約を締結し、以後1965年頃まで「プリマ・ムラマツ」のブランドとムラマツ・ブランドが併用されていた時期があった。その時代に作られたであろう「プリマ・ムラマツ」ブランドのフルートを、写真とともに掲載し構造などを考察した。また、現存はしていないが、当時の主要メーカーであったナカムラフルートやタネフルート、ヤマハに吸収合併前のニッカンのブラ

ンドによる FL-23 のモデルなど、1960 年代までのフルートをとり上げた。そして、マテキフルートやアルタスフルートの創業前に、両社の社長が在籍していたヤシマフルートによる「TAKUMI（タクミ）」ブランドのフルートや、下倉楽器のフルートブランドとして OEM 生産を委託し、総銀製までのラインアップで販売していたマルカートフルートの考察を加えた。

　また、第 2 章で特にページを割いたのが、パールフルートの楽器の変遷である。パールフルートについては、従前より初期の洋銀製の楽器から最新の金製モデルまでの複数モデルを手元に収集し研究対象としていた。ドラム等の打楽器メーカーであったパール楽器製造は、1968 年にフルート部門を立ち上げており、当初はドイツ・フルートを模範にしたフルートを製造していた。ヨハネス・ハンミッヒやフィリップ・ハンミッヒなど、ハンミッヒ系フルートがモデルになっているようなパーツの形状である。最近でもドイツ製の管体を材料として輸入するなど、細部まで職人のこだわりのあるメーカーであり、ドイツ・フルートの陰影感のある独特の音色の雰囲気を残している。

　パールフルートの初期の洋銀製モデルや総銀製モデルにおいては、同時期の国内メーカーに見られない外見とメカニズムであり、国内メーカーの中で特に主張の強いつくりであった。初期モデルから最近の金製フルートまでの 13 本のフルートを用意しており、各楽器の特徴の詳細については第 2 章の本文中に記載し考察を行った。これに加えて、筆者は同社の複数の頭部管単体を所有しており、リッププレートやライザー、反射板に使用した材質（18K や 14 金など）の違いや、さらには、頭部管のヘッドスクリュー（クラウン）を空洞型にしたものを数種類、パラボラ型など重量も変えて実験を行った。その結果、頭部管のヘッドスクリュー部分を変えるだけでも、よい意味で音色や響きに影響が生じ、本体とのバランスによって傾向が変わってくることがわかった。

　その他のフルートとして、日本で開発された SM フォークフルート、強化ガラス製であるアメリカのホール　クリスタル・フルート、台湾 GUO 社によって開発され販売している樹脂製のフルート 3 本と、香港の NUVO 社

の普及品の樹脂製フルートを紹介している。樹脂製フルートは最近の新たな領域であるが、まだ発展途上の段階であることから、音色や音量面で不利となるケースも見られる。今後の改良に向けて、さらなる技術革新を期待したい。

（3）第3章のまとめとして

　第3章においては、フルート製造の技術をタイトルとして、日本メーカーの製造技術の考察にあたって、パール楽器製造の本社工場と台湾工場（現地法人）において工場での実地調査を行った。さらに、製品戦略とイノベーションについて論述し、フルートの構造面、フルートの材質面、その他の動きについて論じた。

　それぞれ、約半日を費やしての綿密な工場見学と調査ヒアリングができたことで、作業工程と分業体制を明快に理解することができた。実際に現場に足を運ぶことによって、作業の詳細を確認することができ、本社工場におけるハンドメイド・フルートを中心とした工程の動き、台湾工場での普及品を主体とする分業体制の工程を比較検証することが可能となった。

　フルートの構造面においては、トーンホールの引き上げ加工とカーリング処理の画期的なイノベーション、一本芯金、ピンレス・メカニズムなどの開発がそれに当たる。フルートの材質面においては、金や銀の貴金属材料に大きな変化が生じ、新たな配合率と加工法によって970銀や997銀、24Kゴールドなどの新素材が開発され実用化されている。また、プラチナメッキや22Kゴールドメッキなどの貴金属によるメッキ加工も、イノベーション的発想に基づいている。その他のイノベーションの動きとして挙げられるのは、管体の管厚のオプションであり、0.30mm、0.35mmなどの薄い管厚による音の響きの重要性、0.40mmや0.45mmの厚い管の使用によって、重厚感のある響きを求めることも可能である。また、樹脂製フルートの登場は、フルートの新たな領域と可能性を実現したものといえよう。

206　第Ⅱ部

2．第Ⅱ部のまとめ

（1）第4章のまとめとして

　第4章においては、第Ⅱ部への導入として、フルート製造の経営学的視点からの考察のポイントを述べるとともに、第5章、第6章に続く課題の提示を行っている。

　まず、フルート製造についての研究の背景を示し、既存研究がほとんど存在しない中において、本書による経営学を軸とした考察の視点を提示した。製品アーキテクチャ論から見た考察のポイントとして、楽器産業は典型的なインテグラル型（擦り合わせ型）であるとする先行研究に対し、フルート製造におけるサプライチェーンや製造工程の変化を捉えて、新たな事実発見を示した。

　次に、日本のフルート販売の変遷をテーマとして、楽器卸との関係、楽器卸を通じた販売のメリットを論じ、直営店舗の展開による直販の動きを示した。他業種と同様に、比較的小規模なフルート製造業者にとって、全国に販売網のある卸業者の介在は大きなメリットがある。一方で、販売や製品戦略の主導権を持ちたいメーカー側にとっては、直営店舗や独自のショールームで顧客との直接の接点をとる動きが見られた。近年は、各地の楽器店との共催での「フルート・フェア」の開催により、リペアや展示試奏会などのイベントを通じて顧客との接点の強化に努めている。インターネットによる発信にも積極的であり、各社ともにホームページを充実化させ、顧客へのダイレクトな発信を行うことや、WEB上での商品アピールと直販を試みている。

　フルート市場の現況について、東京都内や大阪市内の主要楽器店でヒアリングを行い、現在の販売動向やフルートメーカーの状況について客観的な意見を聞いた。売れ筋の価格帯にも変化が生じており、初心者やそれに近い顧客に対しても、楽器メーカーが従来の低価格帯から、より付加価値のある中価格帯へ販売をシフトさせつつある動きがよくわかった。顧客が事前にあらゆる手段で情報を入手しているため、来店当初からある程度の価格帯での候

補を決めており、特にフルート専門店ではその傾向が強いようであった。また、メーカー各社の技術者が高齢化し世代交代が進んでいく中で、従来の技術力を確保できるかが一つの課題であるとの意見もあり、技術者を表に出さず、ブランド力で売る形態が今後の鍵となるのではないかとの貴重な示唆を得た。

（2）第5章のまとめとして

第5章では、フルート製造の技術伝承と生産戦略について、経営学の学術的な側面から考察している。本章は既発表の学術論文をもとに加除修正を行っているが、できるだけ原著の学術性の形を維持すべく、他の章と一部重複する記述を残したままにしている。そのため、元の学術論文のオリジナリティを失わないように、最初の概況部分や先行研究の紹介については省略せずに残してある。

本章の一つのテーマであるフルートの技術伝承については、楽器製造に関する先行研究は少なく、ものづくりの世界において関連性の深い日本の伝統工芸などの先行研究を引用しながら、フルート製造の過去からの継承の系譜に基づいて論じた。技術の伝承と、技術者の独立によるメーカーの派生事例をもとにして、筆者独自の視点から新たな理論構築を行った。特に、日本におけるフルートメーカーの系統図については、現存する資料や長年のインタビュー調査で得られた情報をもとにしており、オリジナリティの高いものとなっている。

フルートメーカーの生産戦略については、製品アーキテクチャの視点から考察を行っており、フルート業界というニッチな市場の生産活動に目を向けたことに新規性を有するものである。楽器産業は部品の共通化や水平分業は起こりにくい産業でもあり、伝統工芸品のように技術者から時間をかけて製法が伝授される特殊な世界であった。しかしながら、現在では部品の外注加工や共通の仕入れ先が徐々に標準化されるようになり、一部の工程ではモジュール化が進みつつある。フルートメーカーでは、その多くの工程が擦り合

208 第Ⅱ部

わせ型であり、社内だけでなく外注先や仕入れ先との擦り合わせが重要な位置を占めている。しかしながら、内製であった部品類について、一部に規格化された部品を採用することや、管パイプの仕入れなどを特定メーカーに集中化することは、モジュール化の動きと見ることができるであろう。

（3）第6章のまとめとして

　第6章は、フルートメーカーの製品開発戦略と題しており、筆者の既発表の学術論文がもとになっている。元々はフルートに加えてサクソフォンも同じ基準で比較をした論文であったが、本書に掲載するにあたりサクソフォンの記述を省いている。この章についても、冒頭の楽器業界の概況や先行研究に他の章との一部重複があるが、当初の論文における学術性を維持するため、極力、当初の論文の記述を維持したままにしている。

　この章においては、フルート製造の約30年の動きについて、販売数量や販売額、販売単価から概観し、販売数量の推移と販売額の比較から販売単価を割り出している。近年においてフルートの販売数量は低下し、国内、国外ともに数量面では厳しい状況となっている。しかしながら、特に国内市場での販売額で見ると同水準を維持し続けており、平均販売単価は大きく上昇してきていることがわかった。これは、販売数量の落ち込みに対応すべく、メーカー側によってフルートの付加価値を高めて単価を押し上げた結果であった。他の業種では価格への転嫁を容易に受け入れられないかも知れないが、フルートにおいては高級ハンドメイドクラスの仕様の入門楽器への採用や、金属部品の材質の変更など、顧客に理解を得ながら価格変更が行われてきたことがわかった。

　また、フルート管体の材質の変化を調査するとともに、過去30年の主要各社のモデル（型番）の数と材質の平均値の推移を比較した。これにより、明らかに1社平均のモデル数や材質は増加しており、製品開発の戦略が見てとれた。そのほか、総銀製フルートの30年間にわたる最低価格と最高価格の平均値の推移を調査し、加えて、フルートの最高価格と最低価格の平均値

の推移を調べることで、その上昇傾向から新たな事実発見を得ている。フルートメーカー各社ともに、製品開発と新たな付加価値を高めた製品戦略によって、販売価格の引き上げに注力していることがわかったものである。

（4）今後の課題として

　本書においては、フルート製造の変遷について、その歴史的背景とフルートメーカーに焦点を当てて調査、考察を行ってきた。筆者自身が収集してきたフルートは、各時代や国内外のあらゆる楽器を合わせて100本を優に超えており、実際に自らの手に取って演奏して確認してきたものである。各時代や国内・海外製の各メーカーのフルートを演奏し、国内の各工房や専門販売店を訪問して知識を得ながら調査活動を続けてきた。しかしながら、約30年にわたって調査を続けてきたが、すべてを網羅できているわけでなく、調査には限界もあるために本書の執筆においては文献に頼る部分も多かった。

　フルート製造の現場や販売については、日本における調査が中心であり、海外メーカーにおける調査が不十分といえる。特に現在の欧州メーカーの状況には興味があり、ドイツ、フランスを中心として実地調査を検討していきたい。さらに、台湾や中国における普及品クラスの製造にも注目しており、スクールバンドの普及品クラスにおいては、今後は中国製の技術力の高まりも予想される。国際市場での評価に至るまではまだ時間を要するであろうが、過去に日本のフルートメーカーが経てきたように、今後の発展に着目していきたい。また、フルートメーカーの創業事例に注目しており、本書で示した系統図について、その創業の経緯と共通点、技術を継承していくうえでの動きを確認しているところである。新たな事実や特徴的な動きを発見できれば、これからも論文等で広く公開していきたいと考えている。

初出一覧

第 1 章　：　書き下ろし

第 2 章　：　書き下ろし

第 3 章　：　１．日本メーカーの製造技術　書き下ろし
　　　　　　　２．製品戦略とイノベーション
　　　　　　　「楽器メーカーの製品開発戦略―フルート製造におけるイノベーション―」『関西ベンチャー学会誌 VOL.11』関西ベンチャー学会、pp.91-97、2019 年を加除修正。

第 4 章　：　書き下ろし

第 5 章　：　「国内楽器産業の技術の伝承と生産戦略―フルート製造業を事例とした考察―」『関西ベンチャー学会誌 VOL.10』関西ベンチャー学会、pp.81-91、2018 年を加除修正。

第 6 章　：　「国内管楽器メーカーの製品開発戦略―フルートとサックス製造業を事例として―」『産業学会研究年報　第 33 号』産業学会、pp.167-185、2018 年を加除修正。

第 7 章　：　書き下ろし

【参考文献】

＜日本語＞

赤井逸（1987）『笛ものがたり』音楽之友社。

赤松裕二（2018a）「国内楽器産業の技術の伝承と生産戦略―フルート製造業を事例とした考察―」『関西ベンチャー学会誌』VOL. 10, pp. 81-91。

赤松裕二（2018b）「国内管楽器メーカーの製品開発戦略―フルートとサックス製造業を事例として―」『産業学会研究年報』第 33 号 pp. 167-185。

赤松裕二（2018c）「楽器メーカーの製品開発戦略―イノベーションと製品戦略の考察―」『関西ベンチャー学会第 17 回年次大会予稿集（会員研究発表の概要）』pp. 1-2。

赤松裕二（2019）「楽器メーカーの製品開発戦略―フルート製造におけるイノベーション―」『関西ベンチャー学会誌』VOL. 11, pp. 91-97。

アルソ出版雑誌（1996-2019）『The Flute（ザ・フルート）Vol. 21―Vol. 169』アルソ出版。

新井喜美雄・村上和男（2014）『楽器の構造原理―改訂版―』静岡学術出版。

安藤由典（1996）『新版 楽器の音響学』音楽之友社。

大木裕子（2009）『クレモナのヴァイオリン工房―北イタリアの産業クラスターにおける技術継承とイノベーション―』文眞堂。

大木裕子（2011）「弦楽器製作のイノベーションに関する一考察～ウクレレメーカー占部弦楽器製作所の事例研究」『尚美学園大学芸術情報研究』第 19 号、pp. 27-39。

大木裕子・山田英夫（2011）「製品アーキテクチャ論から見た楽器製造―何故ヤマハだけが大企業になれたのか―」『早稲田国際経営研究』No. 42, pp. 175-187。

大木裕子（2012）「有田の陶磁器産業クラスター―伝統技術の継承と革新の視点から―」『京都マネジメント・レビュー』第 21 号、pp. 1-22。

大木裕子・柴孝夫（2013）「スタインウェイの技術革新とマーケティングの変遷」『京都マネジメント・レビュー』第 23 号、pp. 1-33。

大木裕子（2015）『ピアノ技術革新とマーケティング戦略―楽器のブランド形成メカニズム―』文眞堂。

大村いづみ（1998）「転換期を迎えるピアノ製造業―浜松地域の産業集積に関するケーススタディー」『産業学会研究年報』第 14 号、pp. 75-86。

緒方英子（2006）『楽器のしくみ』日本実業出版社。

奥田恵二（1978）『フルートの歴史』音楽之友社。

加藤寛・野田一夫（1980）『日本楽器製造』蒼洋社。

近藤滋郎（1998）『栄光のフルーティストたち』音楽之友社。

近藤滋郎（2003）『日本フルート物語』音楽之友社。

斎藤信哉（2007）『ピアノはなぜ黒いのか』幻冬舎。

ザ・フルート編集部（1998）『国産フルート物語』アルソ出版。

ザ・フルート編集部（2012）『フルートの匠―フルートマスターズ20年の伝承』アルソ出版。

関根靖浩（2016）「伝統工芸品産地の産業集積としての特徴と課題―丹波焼産地を事例にして―」『経営研究（大阪市立大学)』第67巻第2号、pp. 97-115。

高橋利夫（2005）『モイーズとの対話―おいたちと演奏論―』全音楽譜出版社。

田中智晃（2011）「日本楽器製造にみられた競争優位性―高度経済成長期のピアノ・オルガン市場を支えたマーケティング戦略」『経営史学』第45巻第4号、pp. 52-76。

田中智晃（2012）「成熟市場をめぐるヤマハの鍵盤楽器ビジネス」『経営史学』第47巻第1号、pp. 49-74。

丹下聡子（2015）「村松孝一研究（1）ベーム式フルート製作の始まり―明治期から昭和初期における国内の楽器情況―」『愛知県立芸術大学紀要』第45号、pp. 151-164。

トフ, N.・満冨俊郎訳（1985）『フルートはいま―現代フルートのあゆみ』音楽之友社（Toff, N. 1979, The development of the modern flute, U. S. A.）。

永井洋平・村上和男（2010）『楽器の研究よもやま話―温故知新のこころ―』静岡学術出版。

難波正憲・鈴木勘一郎・福谷正信編著（2013）『グローバル・ニッチトップ企業の経営戦略』東信堂。

西原稔（1995）『ピアノの誕生―楽器の向こうに「近代」が見える―』講談社。

日本放送協会（NHK）（1973）『NHKテキスト　フルートとともに '73。10→'74。3』日本放送出版協会。

日本放送協会（NHK）（1997）『NHK趣味悠々フルート入門』日本放送出版協会。

バンドジャーナル臨時増刊（1983）『フルート＆フルーティスト Part1』音楽之友社。

バンドジャーナル臨時増刊（1984）『フルート＆フルーティスト Part2』音楽之

友社。

バンドジャーナル別冊（1985）『フルート＆フルーティスト Part3』音楽之友社。

バンドジャーナル別冊（1986）『フルート＆フルーティスト Part4』音楽之友社。

バンドジャーナル別冊（1987）『フルート＆フルーティスト Part5』音楽之友社。

バンドジャーナル別冊（1988）『フルート＆フルーティスト Part6』音楽之友社。

バンドジャーナル別冊（1989）『フルート＆フルーティスト Part7』音楽之友社。

バンドジャーナル別冊（1990）『フルート＆フルーティスト Part8』音楽之友社。

バンドジャーナル別冊（1991）『フルート＆フルーティスト '91』音楽之友社。

バンドジャーナル別冊（1992）『フルート＆フルーティスト '92』音楽之友社。

バンドジャーナル別冊（1995）『フルートなんでも百科』音楽之友社。

樋口博美（2015）「ものづくり産地のしくみと技能伝承の変容と現状―山中漆器産地の高齢期にある職人の生業とくらしから―」『人文科学年報（専修大学）』第 45 巻、pp. 23-53。

檜山陸郎（1990）『楽器産業』音楽之友社。

藤本隆宏（2001）「アーキテクチャの産業論」『ビジネス・アーキテクチャ―製品・組織・プロセスの戦略的設計―』藤本隆宏・武石彰・青島矢一編 pp. 3-26、有斐閣。

藤本隆宏（2004）『日本のもの造り哲学』日本経済新聞社。

藤本隆宏（2007）「統合型ものづくり戦略論」『ものづくり経営学―製造業を超える生産思想―』第 1 部 第 1 章、pp. 21-34、光文社。

細谷祐二（2014）『グローバル・ニッチトップ企業論』白桃書房。

前田りり子（2006）『フルートの肖像―その歴史的変遷―』東京書籍。

前間孝則・岩野裕一（2001）『日本のピアノ 100 年―ピアノづくりに賭けた人々―』草思社。

三浦啓市・嶋和彦・川口円子（2015）『浜松ピアノ物語～浜松のピアノが世界に認められた日～』公益財団法人 静岡県文化財団。

ミュージックトレード社（1989）『楽器年鑑 89 年版』。

ミュージックトレード社（1997）『楽器年鑑 97 年版』。

ミュージックトレード社（2011）『楽器年鑑 2011 年版』。

ミュージックトレード社（2014）『楽器産業ガイド 2014 年版』。

ミュージックトレード社（2016）『楽器産業ガイド 2016 年版』。

ミュージックトレード社（1980、1984、1995、1998、2001、2007、2010、2013、2017、2019）『管楽器価格一覧表』。

214 参考文献

ヤマハ（日本楽器製造）（1977）『社史』日本楽器製造。

ヤマハ（2017）『アニュアルレポート 2017』ヤマハ。

ヤマハ 100 年史編纂委員会（1987）『ヤマハ 100 年史』ヤマハ。

山本孝（2004）『熟練技能伝承システムの研究―生産マネジメントから MOT への展開―』白桃書房。

吉倉弘真（1999）『フルート、フルート！』大河出版。

吉田雅夫・植村泰一（1980）『フルートと私』シンフォニア。

＜欧文＞

Boehm, T.（1908）"The Flute and Flute-Playing in Acoustical, Technical, and Artistic Aspectshe", New York, Dover Publications, Inc.

Galway, J. and Bridges, L.（2010）"The Man with the Golden Flute : Sir James, a Celtic Minstrel", New Jersey, Wiley（高月園子訳『黄金のフルートをもつ男』時事通信社、2011 年）.

Giannini, T.（1993）"Great Flute Makers of France : The Lot and Godfroy Families 1650-1900", London, Tony Bingham.

Langwill, L. G. and Waterhouse, W.（1993）"The New Langwill Index : Dictionary of Musical Wind-instrument Makers and Inventors" London, Tony Bingham.

Lenski, K. and Ventzke, K.（1992）"Das goldene Zeitalter der FLOTE", Germany, Moeck.

Powell, A.（2002）"The Flute" New Haven USA, Yale University Press.

Solum, J. and Smith, A.（1993）"The Early Flute（Oxford Early Music Series）" Oxford University Press.

Ulrich, K. T.（1995）"The Role of Product Architecture in the Manufacturing Firm" Research Policy, 24, pp. 419-440.

Welch, C., Reich, E., Schafhäutl, K. E. and Rockstro, R. S.（1896）"History of the Boehm Flute : With Dr. Von Schafhaeutl's Life of Boehm, and an Examination of Mr. Rockstro's Version of the Boehm-Gordon Controversy", 3rd Edition, London, Rudall, Carte & Co.

Young, P. T.（1993）"4900 Historical Woodwind Instruments" London, Tony Bingham.

参考文献　215

＜Web サイト＞
（日 本）

アイハラフルート（https://www.aiharaflute.jp/）2019 年 7 月 10 日参照。

アキヤマフルート（http://www.akiyamaflutes.co.jp/）2019 年 7 月 14 日参照。

アルタス（http://www.altusflutes.com/）2017 年 7 月 8 日参照。

石橋楽器店(http://store.ishibashi.co.jp/ec/sp/shtml/sax-him/)2017 年 11 月 8 日
　　　参照。

イワオ楽器製作所（http://www.iwaoflute.com/）2019 年 7 月 14 日参照。

河合楽器製作所（https://www.kawai.co.jp/）2017 年 7 月 16 日参照。

クロサワ楽器（クロサワウインド お茶の水 フルートラウンジ）（http://www.
　　　kurosawagakki.com/sh_windocha/flutelounge/）2019 年 7 月 14 日参照。

古田土フルート工房（http://kotatoflute.web.fc2.com/）2019 年 7 月 9 日参照。

桜井フルート制作所（http://www.sakuraiflute.com/）2019 年 7 月 14 日参照。

三響フルート製作所（http://www.sankyoflute.com）2017 年 7 月 8 日参照。

下倉楽器（http://www.shimokura-gakki.com/）2019 年 7 月 14 日参照。

総務省統計局（http://www.stat.go.jp/data/cpi/historic.htm）2017 年 8 月 10 日
　　　参照。

ダク（https://www.kkdac.co.jp/）2019 年 7 月 14 日参照。

田中貴金属工業（http://gold.tanaka.co.jp/commodity/souba/）2017 年 8 月 9 日
　　　参照。

ドルチェ楽器（https://www.dolce.co.jp/）2019 年 7 月 14 日参照。

豊田フルート（https://toyodaflute.com/index.html）2019 年 7 月 19 日参照。

ナツキフルート（http://natsukiflute.music.coocan.jp/）2019 年 7 月 5 日参照。

日本フルート協会（https://japan-flutists.org/）2019 年 7 月 19 日参照。

ヌーボ NUVO 楽器（https://kcmusic.jp/nuvo/）2019 年 7 月 19 日参照。

野中貿易（https://www.nonaka.com/）2019 年 7 月 10 日参照。

ノマタフルート（http://nomataflute.music.coocan.jp/）2019 年 7 月 8 日参照。

パール楽器製造（http://www.pearlgakki.com）2017 年 7 月 8 日参照。

藤尾明彦「ヤマハが成熟市場の楽器で利益を伸ばすわけ—中国振興メーカーの猛
　　　追をしのぐ」『東洋経済 ONLINE』2016 年 11 月 18 日（http://toyokeizai.
　　　net/articles/-/145120?_ga=2.74437841.237878632.1504229496-1265）2017 年
　　　11 月 8 日参照。

プリマ楽器（http://www.prima-gakki.co.jp/）2019 年 7 月 14 日参照。

216　参考文献

フルートマスターズ（http://www.flute-masters.com/）2019 年 7 月 10 日参照。

マテキフルート（https://www.flutemateki.jp/）2019 年 7 月 10 日参照。

三菱 UFJ リサーチ＆コンサルティング（http://www.murc-kawasesouba.jp/fx/）2017 年 7 月 30 日参照。

宮澤フルート製造（http://www.miyazawa-flute.co.jp）2017 年 7 月 8 日参照。

三木楽器（https://www.miki.co.jp/）2019 年 7 月 14 日参照。

村松フルート製作所（https://www.muramatsuflute.com）2017 年 7 月 8 日参照。

モリダイラ楽器（http://moridaira.jp/）2019 年 7 月 14 日参照。

柳澤管楽器（http://www.yanagisawasax.co.jp/）2017 年 7 月 16 日参照。

山田フルート・ピッコロ工房（http://yamada-fp.que.jp/）2019 年 7 月 9 日参照。

山野楽器銀座本店フルートサロン（https://www.yamano-music.co.jp/shops/ginza/g-flute）2019 年 7 月 14 日参照。

ヤマハ（http://jp.yamaha.com）2017 年 7 月 16 日参照。

ヤマハ「楽器事業の成長を目指して・2010 年 11 月 26 日」（https://www.yamaha.com/ja/ir/presentations/pdf/pres-101126.pdf）2017 年 11 月 8 日参照。

ヤマハ銀座店（https://www.yamahamusic.jp/shop/ginza.html）2019 年 7 月 14 日参照。

（海 外）

ARISTA Flute（http://www.aristaflutes.com/）2019 年 7 月 14 日参照。

Burkart Flutes & Piccolos（https://www.burkart.com/）2019 年 7 月 9 日参照。

Bernhard Hammig Flutes（http://www.hammig-flutes.com/english/）2019 年 7 月 14 日参照。

Braun Flutes（https://www.braunflutes.com/）2019 年 7 月 9 日参照。

Brannen Brothers Flutemakers, Inc（https://www.brannenflutes.com/）2019 年 7 月 6 日参照。

Conn-Selmer, Inc.（https://www.conn-selmer.com/en-us）2019 年 7 月 9 日参照。

Faulisi Flute（http://www.laflutetraversiere.com/）2019 年 7 月 14 日参照。

Gemeinhardt（http://www.gemeinhardt.com/）2019 年 7 月 10 日参照。

GUO Musical Instrument（http://www.gflute.com）2017 年 7 月 9 日参照。

H. SELMER Paris（https://www.selmer.fr/）2019 年 7 月 10 日参照。

Hammig Flute（https://www.hammig-boehmfloetenbau.de/index.php/en/）2019 年 7 月 14 日参照。

Haynes Flute（http://wmshaynes.com/）2019 年 7 月 14 日参照。
J. R. Lafin（http://www.lafinheadjoints.com/）2019 年 7 月 14 日参照。
Jupiter Taiwan（http://jupitermusic.com/）2019 年 7 月 14 日参照。
Landell flutes（https://www.landellflutes.com/）2019 年 7 月 14 日参照。
Nagahara Flutes（https://www.nagaharaflutes.com/）2019 年 7 月 9 日参照。
Powell Flutes（https://www.powellflutes.com/ja/）2019 年 7 月 14 日参照。
Straubinger Flutes（http://www.straubingerflutes.com/）2019 年 7 月 9 日参照。
Tomasi Flöte（https://www.tomasifloete.eu/）2019 年 7 月 14 日参照。
Wimberly Flutes（https://www.wimberlyflutes.com/）2019 年 7 月 9 日参照。

＜現地調査・ヒアリング＞
三木楽器 心斎橋 Wind Forest 店（2019 年 4 月 13 日、他）。
山野楽器 銀座本店 フルートサロン（2019 年 6 月 8 日、他）。
パールフルートギャラリー 東京（2019 年 6 月 8 日、他）。
パールフルートギャラリー 大阪（2019 年 4 月 13 日、他）。
パールフルート本社工場（千葉県八千代市）工場調査 2014 年 9 月 3 日。
台湾真珠楽器股有限公司（台湾台中市・パールフルート台湾現地法人）工場調査
　　　2014 年 8 月 12 日。

＜撮影機材＞
１．SONY DSC-RX10 ZEISS バリオ・ゾナー T ＊レンズ 24 mm〜200 mm, F2.8。
２．SONY DSC-RX100 ZEISS バリオ・ゾナー T ＊レンズ 28 mm〜100 mm,
　　　F1.8〜F4.9。
３．SONY DSC-RX100M3 ZEISS バリオ・ゾナー T ＊レンズ 24 mm〜70 mm,
　　　F1.8〜F2.8。

あとがき

　本書の執筆にあたっては、フルートメーカー各社や東京・大阪の主要な各楽器店に、長年にわたってご協力をいただきました。1990年頃からフルート製造やその変遷について興味を抱き、その後、約30年間の長きにわたって、各楽器店やフルートメーカー各社において、インタビュー調査や工場見学の機会をいただいてまいりました。特に、パール楽器製造株式会社（パールフルート）におかれましては、今回の調査に全面的にご協力していただき、本社工場や台湾工場での現地調査、そして、東京・大阪のフルートギャラリーにおける調査で、大変お世話になりましたことを心より御礼申し上げます。

　また、調査にあたり大変お世話になりました、パール楽器製造株式会社の舟根康博様、當房孝則様、広瀬茂樹様、溝口雅之様、また、台湾工場でお世話になった同社の桑野尚志様に深く感謝申し上げます。

　さらに、楽器販売の状況や市場についての調査にご協力をいただきました、株式会社山野楽器の細村俊夫様、三木楽器株式会社の市川均様、渡辺邦啓様にも心より感謝申し上げます。そのほか、楽器販売店各店で調査にご協力いただいたスタッフの皆様方、工場調査においてご協力をいただいた技術・製造スタッフの皆様方に深く感謝いたします。なお、本文中に掲載した方々につきまして、敬称を省略させていただいておりますことをご了承ください。

　また、本書執筆にあたっては、フルートメーカーの創業事例の共同研究者として、大阪市立大学の新藤晴臣教授に、経営学の視点からの多くのご支援と示唆を賜り、本書の完成度を高めるためのご助言をいただきました。そのほか、本書の出版に至るまで、大阪市立大学ならびに環太平洋大学の多くの先生方にご支援を賜りました。ご支援・ご助言をいただきました多くの先生方に、この場をお借りして厚く御礼申し上げます。

　最後に、私の道楽ともいえるフルート研究や収集に長年付き合ってもらい、理解をしてくれた妻や家族に、感謝の気持ちを込めてこの本を捧げます。

2019年11月　赤松　裕二

●著者紹介

赤松　裕二（あかまつ　ゆうじ）

大阪市立大学大学院 創造都市研究科 国際地域経済研究領域 博士後期課程修了。

博士（創造都市）・修士（経済学）。

三井住友銀行勤務、学校法人金蘭会学園 理事・法人事務局長・理事長補佐を経て、学校法人創志学園 執行役員、大阪市立大学大学院 客員研究員、環太平洋大学副学長・教授・通信教育課程長を歴任する。

現在、環太平洋大学 副学長・教授、大阪市立大学 客員教授（大学院 都市経営研究科）。一般社団法人 日本フルート協会 会員。

【主要業績】

＜著　書＞

●『化粧品業界のブランド戦略―日本と韓国における化粧品会社の戦略比較―』
　（単著）大阪公立大学共同出版会 2018 年、全 212 頁。

＜論　文＞

●「化粧品業界のグローバルおよびローカル・ブランド戦略の考察―資生堂とアモーレパシフィックの中国市場での展開を中心に―」『関西ベンチャー学会誌 Vol. 8』（単著）2016 年、62-72 頁。

●「日韓化粧品業界のブランド戦略―擦り合わせ型と組み合わせ型によるブランド展開の考察―」『ビューティビジネスレビュー Vol. 4』（単著）2016 年、16-28 頁。

●「日本と韓国における化粧品業界のブランド・ポートフォリオ戦略―資生堂とアモーレパシフィックの戦略を事例として―」『産業学会研究年報 第 31 号』（単著）2016 年、89-101 頁。

●「国内楽器産業の技術の伝承と生産戦略―フルート製造業を事例とした考察―」『関西ベンチャー学会誌 Vol. 10』（単著）2018 年、81-91 頁。

●「国内管楽器メーカーの製品開発戦略―フルートとサックス製造業を事例として―」『産業学会研究年報 第 33 号』（単著）2018 年、167-185 頁。

●「楽器メーカーの製品開発戦略―フルート製造におけるイノベーション―」『関西ベンチャー学会誌 Vol. 11』（単著）2019 年、91-97 頁。

OMUPの由来

大阪公立大学共同出版会（略称OMUP）は新たな千年紀のスタートとともに大阪南部に位置する5公立大学、すなわち大阪市立大学、大阪府立大学、大阪女子大学、大阪府立看護大学ならびに大阪府立看護大学医療技術短期大学部を構成する教授を中心に設立された学術出版会である。なお府立関係の大学は2005年4月に統合され、本出版会も大阪市立、大阪府立両大学から構成されることになった。また、2006年からは特定非営利活動法人（NPO）として活動している。

Osaka Municipal Universities Press (OMUP) was established in new millennium as an association for academic publications by professors of five municipal universities, namely Osaka City University, Osaka Prefecture University, Osaka Women's University, Osaka Prefectural College of Nursing and Osaka Prefectural College of Health Sciences that all located in southern part of Osaka. Above prefectural Universities united into OPU on April in 2005. Therefore OMUP is consisted of two Universities, OCU and OPU. OMUP has been renovated to be a non-profit organization in Japan since 2006.

フルート製造の変遷
──楽器産業の製品戦略──

2019年11月10日　初版第1刷発行

著　者　赤松裕二
発行者　八木孝司
発行所　大阪公立大学共同出版会（OMUP）
　　　　〒599-8531　大阪府堺市中区学園町1-1
　　　　大阪府立大学内
　　　　TEL　072(251)6533
　　　　FAX　072(254)9539
印刷所　株式会社太洋社

©2019 by Yuji Akamatsu. Printed in Japan
ISBN978-4-909933-09-6